素粒子論の始まり
湯川・朝永・坂田を中心に――

Kamefuchi Susumu
亀淵 迪

日本評論社

まえがき

　20世紀は，よかれあしかれ，'原子の世紀'であった。原子の物理の象徴とも言うべきプランク定数 $\hbar$，あるいは量子仮説の導入を契機として世紀が発足したのも，まことに印象的で感慨深い。その後，いわゆる前期量子論の時代に入るが，これは言わば古典論に量子仮説を接ぎ木したような議論に留まった。しかし1913年にボーアが「原子と分子の構成について」と題する3部作を発表するにおよび，それまでは化学における作業仮説だった原子・分子が，物理の現実的な問題となってくる。これは接ぎ木細工としてはまことに貴重な成果であった。その前期量子論も，四半世紀の歴史の後，1925〜27年に至ってようやく成木となり，合理的理論としての量子力学に結実する。

　その後の応用も目覚ましく，物理学は化学のみならず生物学へと版図を広げる。かのスペインの哲学者オルテガが，当時，"物理学は器械や医学を生んだ"として，その状況を'物理学帝国主義'と表現したが，まさにその文字どおりが具体化したのであった。

　ここまでが原子の世紀の'明'の時期であったが，世紀の中盤からは──帝国主義の必然か──'暗'の要素も加わって来る。その最たるものが原子爆弾の製造および実用であった。科学研究は明と暗をともにもたらす諸刃の剣であることを改めて思い知らされ，科学者は困惑・沈痛の境に立たされる。科学研

究の牧歌的時代の終焉であり，そのまま今世紀へと流れ込む。

以上が原子の世紀の素描，いな粗描であるが，本書の目的は，幸いに，その明の部分のみに関わることにあり，約言すれば牧歌的時代へのノスタルジアに終始することになる。さて明の部分の，世紀を通じてのクライマックスは，なんと言っても量子力学の確立であろう。これに寄与した人々を年齢順に列記すれば（括弧内は生年）以下のようになる：ボルン（1882），ボーア（1885），シュレーディンガー（1887），ド ブロイ（1892），以上がシニア，次いで若手のパウリ（1900），ハイゼンベルク（1901），ディラック（1902）と続く。ここに驚くべきことは，この限られた時期に，そして限られた地域に，超弩級とも言うべき理論家が，かくも多数出現したとの事実である。とくに'若手3人組'に至っては，20代の前半で画期的な貢献をなしている。たんなる偶然ではなく，なにか天恵のようなものがそこにあったのでは，とさえ思えてくる。

しかしこれについては，ハイゼンベルク自身が興味深い見解を表明している（以下大意）："それは欧州の文化史ではさして珍しいことではなく先例が3度あった"と。"その第1は前5～4世紀ころのギリシャで哲学者たち（ソクラテス・プラトン・アリストテレス）が，第2はイタリア・ルネサンス期，とくに15～16世紀に美術家たち（ダ ヴィンチ・ミケランジェロ・ラファエロ）が，第3が18～19世紀のドイツ・オーストリアで作曲家たち（モーツァルト・ベートーヴェン・シューベルト）が輩出したことである（括弧内の各3人組は筆者の選択）。そして量子力学の場合は，その第4度目に当たる"——と彼自らが宣するのである。ことの適非は読者諸賢の判断に委ねよう。

ともあれ，筆者はとくに量子力学の場合の若手3人組に注目

したい。古典物理学の大家からは'少年物理学(クナーベン・フィジーク)'と揶揄や批判をされながらも，大家らの理解を絶する新しい力学を創り上げてしまった——まことに天才なればこそ，と感歎する他はない。さらに素粒子論においても，彼らは指導的な役割を果す。

次に眼を転じ，わが国の状況を眺めてみたい。時期は少々遅れるが，日本にも特筆すべき3人組が存在したのである——朝永振一郎（1906）・湯川秀樹（1907）・坂田昌一（1911）である。いずれも京大・物理学科卒であり，とくに前2者は京大の同期でもある。この'京大3人組'が大学を終え研究の道に入ったころ，欧州では，完成したばかりの量子力学の応用として，原子核や素粒子の理論が勃興しつつあり，彼等もまた同じ道を追う。その結果わが国の素粒子論は，以後この3者の指導の下に発展を続け，終戦時から1950年代にかけては，その黄金時代を現出する——物質的には極貧の時期であったけれども。

ところで1950年前後には，上記の人々，特に両種3人組はなお研究の最前線にあり，そのころ研究経歴を開始した若者たちは，国の内・外において，これら英雄たちの謦咳に接し得るという幸運に恵まれた。筆者もまたその一人であり，英雄の一挙手一投足から多くを学ぶことができたと思う。すなわち，ものの考え方，研究の進め方，そしてその人柄などを通じてである。おそらく私たちの世代は，この特権が許された最後の世代だったかと考えられる。それゆえ，こうした貴重な直接体験を後の世代のために書き留めておく義務があろうかと感じたのが，本書計画の主な動機である——これまで種々の雑誌に執筆したものを多少改訂して一本にまとめてみた。

内容としては，必然的に，科学史的な'ものごと'が多くなったが，その際筆者の留意したのは次の点にある。'もの'すなわ

ち物理自体の解説ではなく，'こと'すなわち如何にして研究が行われたか，の記述に重点をおいたことである．さらに，ものごとの対象化・客観化よりも，主観的な感想のほうを重視した．したがって本書は科学史的論考などでは決してなく，たんなる個人的回想の域に留まるものであることを，予めお断りしておく．

　第Ⅰ部では，著者がその末期にいささか関与した'くりこみ理論'を採り上げた．私見であるが，その進展は京大3人組の人間的なドラマでもあった．朝永の'超多時間'も，湯川の'マル'による示唆がなければ生れなかったかもしれない．さらには坂田の'C-中間子論'がなければ計算間違いの発見が遅れ，くりこみの仕事も米国勢に先に越されたかもしれない．この意味で朝永のくりこみ理論は，3人組の協力の賜だと言えるかとも思う．

　第Ⅱ部は第1〜3章でボーアや京大3人組の人物論を試みている．また第4〜6章は量子力学創始者についての文章である．とくに若手3人組に関連した事項は，それぞれに，量子力学史の定説をくつがえすものであろう，と筆者は考えている．最終第7章は京大・基礎物理学研究所創設当時の'基研研究会'余話である．

　なお「解説」では畏友江沢洋博士の手をわずらわせた．本文では控えた'もの'の面について丁寧に説明して頂いた．また本書の各種調整に関しては日本評論社の佐藤大器氏に負うところ大である．ここに記して謝意を表したい．

2018年9月

目次

まえがき …………………………………………………………………… i

第Ⅰ部 くりこみ理論誕生のころ …………………………… 1

第1章 場の理論の宿痾 …………………………………… 3

§0 序 …………………………………………………………… 3
§1 誕生のとき ………………………………………………… 5
§2 無限大との邂逅 …………………………………………… 7
§3 戦時中の研究（1）………………………………………… 11
§4 戦時中の研究（2）………………………………………… 13
§5 ハイゼンベルクの先駆的研究 ………………………… 18
§6 研究者の2つの型 ………………………………………… 19

第2章 荒廃からの始動 …………………………………… 28

§7 東京の廃墟のなかで（1）……………………………… 28
§8 東京の廃墟のなかで（2）……………………………… 32
§9 超多時間理論の展開 …………………………………… 34
§10 場の反作用 ……………………………………………… 39
§11 自己無撞着的引算法 …………………………………… 44

第3章 東京・名古屋・シェルター島 …………………… 52

§12	終戦前後の坂田研究室	52
§13	坂田・原のC-中間子論	55
§14	C-中間子論批判	57
§15	E研における梅沢博臣	59
§16	混合場の方法の拡張	63
§17	朝永グループとC-中間子論	68
§18	孤立からの開放	72
§19	シェルター島会議	75

第4章　ダイソン理論に向けて … 82

§20	日米交流の始まり	82
§21	シュヴィンガー・ファインマンとの出会い	87
§22	ラム・シフトの計算を巡って	91
§23	陽電子論の変遷	94
§24	ダイソンの2論文（1）	102
§25	ダイソンの2論文（2）	106

第5章　E研でのくりこみ研究 … 112

§26	くりこみ可能性条件	112
§27	近似によらない荷電くりこみ	117
§28	くりこみ理論と坂田昌一	123

第6章　断想若干 … 129

§29	'木庭さん'との日々（1）	129
§30	'木庭さん'との日々（2）	136
§31	素粒子論グループ精神（1）	139

§32 素粒子論グループ精神（2） ……………… 143
§33 「理論する」ことと伝統について ………… 147
§0′ 跋 ……………………………………………… 153

第Ⅱ部　量子物理学の創始者たち ……………… 159

第1章　人間ボーア …………………………… 161
§1 序 ……………………………………………… 161
§2 手 ……………………………………………… 162
§3 口 ……………………………………………… 164
§4 頭 ……………………………………………… 167
§5 心 ……………………………………………… 170
§6 跋 ……………………………………………… 174

第2章　対比としての朝永と湯川 …………… 179
§0 梗概 …………………………………………… 179
§1 序 ……………………………………………… 179
§2 考え方 ………………………………………… 181
§3 話し方 ………………………………………… 185
§4 生き方 ………………………………………… 189

第3章　グラムシの言葉と湯川・朝永・坂田 … 194

第4章　量子力学の誕生――ヘルゴラント1925 … 204

第5章　シュレーディンガーの衝撃波 ……… 212
§1 はじめに ……………………………………… 212

§2	コペンハーゲン 1926	214
§3	衝撃波到来	215
§4	「病室にて」	218
§5	余波コペンハーゲン解釈を生む	223
§6	何故波源を離れたのか	226

第6章　一堂に会した量子力学の創始者たち … 230

§1	ケンブリッジにおけるニュートンの後継者	230
§2	"量子力学の統計的性格には不満足"	233
§3	"五つの単語しか使わない人"	235
§4	ハイゼンベルクの素粒子観	236
§5	ハイゼンベルクとアインシュタインの会話	238
§6	なお柔軟な頭脳を保つウィグナー	240
§7	発見された歴史的事実	241
§8	学生の抗議行動	244

第7章　戯劇 'GHOST 基研にあらわる' 上演を巡って … 246

解説　くりこみ理論とは ── 簡単なモデルで（江沢 洋）

……………………………………………………… 259

1	電子の電磁的質量	259
2	くりこみ理論とはどんなものか	264
3	真空偏極	281
4	素粒子論年表	285

出典 291　　索引 293

第 I 部

くりこみ理論誕生のころ
―― ―研究者の回想 ――

Somehow or other, amid the ruin and turmoil of the war, totally isolated from the rest of the world, Tomonaga had maintained in Japan a school of research in theoretical physics that was in some respects ahead of anything existing anywhere else at that time. He had pushed on alone and laid the foundations of the new quantum electrodynamics, five years before Schwinger and without any help from the Columbia experiments. He had not, in 1943, completed the theory and developed it as a practical tool. To Schwinger rightly belongs the credit for making the theory into a coherent mathematical structure. But Tomonaga had taken the first essential step. There he was, in the spring of 1948, sitting amid the ashes and rubble of Tokyo and sending us that pathetic little package. It came to us as a voice out of the deep.

Freeman J. Dyson[1]
（訳文は p. 85-86 にあり）

第1章

場の理論の宿痾

§0 序

　素粒子理論を記述する基礎的言語は場の量子論である。しかし，この理論は摂動計算を行うとき'無限大'すなわち発散積分が現れるという本質的な欠陥をもっていた。その結果，いかなる物理量も，適当な高次近似を求めると必ず発散してしまうこととなる。これでは到底，物理理論と称するに値しない。

　場の量子論の中で最もよく調べられていたのは，電子・電磁場系を取り扱う'量子電磁力学'（以下 QED）であるが，ここでも事情は同じであった。しかし，そうかと言って理論を全部捨て去るわけにもゆかない：発散を含まないような摂動の最低近似では，実験事実をよく説明したからである。とにかく産湯とともに赤ん坊まで流すのは賢明な策ではない。問題はそれゆえ，理論のどの部分を残し，どの部分を変革するかに懸ってくる。

　困難解決のために，いろいろな方法が提案されてきたが，'くりこみ理論'でもって一応の結着を見ることとなった。先行のマックスウェル方程式を弄るような試みに較べれば，この理論

は極めて保守的であり,出現する発散項の取り扱いのみを変更したに留まる。要点をまとめれば,(i) QED に現れる発散は質量型・荷電型の2種に限られることを確認し,(ii) それらを系のもつ2つのパラメーター——電子の質量と荷電——にくりこみ,(iii) くりこまれた質量と荷電でもって理論を書き直し,(iv) それらに対して実測値を代入する,となる。こうして理論の表面から発散項はすべて消失し,任意の物理量に対して有限の答が得られることとなる。

くりこみ理論は,わが国では1947年朝永(振一郎)およびそのグループによって,また米国においては,ほぼ同じころにシュヴィンガー(J. Schwinger)やファインマン(R. P. Feynman)によって提案された。彼らは摂動の低次のみを検討したが,後にダイソン(F. J. Dyson)によって,摂動の任意の次数でも,この方法が有効であることが示された。その結果,摂動の高次近似も次々と求められ,実測値との一致はときに有効数字10桁以上にも及ぶ場合がある。このような次第で,'くりこまれた QED'は,現在,物理学における最も精密な理論と言われるまでになっている。

この種の理論がわが国で発見され展開されたことは,まことに喜ばしいことであり,わが国の科学史における最高の業績の一つに数えられると思う。朝永のライヴァルだった米国の学者たちについては,しかしながら,すでに史的研究が行われ,いろいろと大部の本が出版されている[2,3]。とくにシュウェーバー(S. S. Schweber)著[2]は "QED AND THE MEN WHO MADE IT: Dyson, Feynman, Schwinger, and Tomonaga" と題され,全760ページに及ぶ'大著'である——内容はとにかく形の上では。しかしこれらは米国側の観点から書かれており,日本側か

ら観た一書も望まれるのだが，残念ながら未だしのようである。科学史家に一考を求めたい。

筆者はくりこみ理論展開の後期に，この分野の研究に参加した者であり，拙稿では，師や先輩たちから見聞したことなどを，筆者自身の体験や感想をも交えて，雑談的に回想してみたいと思う。それゆえ，物理理論の解説と言うよりも，当の研究がどのような状況の下でなされたか，との物語を主眼としたい。おそらく知っているのはもう筆者だけでは，と思うようなことも幾つかあり，いまのうちにそれらを書き残しておかなくては，ということも執筆の動機であった。したがって本稿は科学史的な論考では決してないことを，まずもってお断りしておく。ただ，将来ものさるべき本格的研究に，何らかの参考になれば望外の幸せである。

§1 誕生のとき

この回想を一人の朝永門下生の言葉から始めよう。

"木庭（二郎）さんから速達が来て，それによると，'これまでの計算には見落しがあり，間違いを訂正すると，坂田（昌一）・原（治）のC中間子論[4]は散乱過程においても有効で，電子の自己エネルギーの場合と同様に，質量型の発散項を相殺し有限な答を与える'とあった。胸騒ぎを覚えた私は，朝永先生のご意見を伺おうと，早速，大久保の朝永研究室へ出掛けた。夕方，部屋に入って来た先生の言われるには，'QEDに現れるすべての発散項は，結局，電子の質量と電荷への補正と考えられ，これらが予め考慮さ

れているとすれば，その後計算中に現れる発散項はすべて引き去ってしまってよいだろう——今度の結果はこのことを示している'と。私は'大変なことになりましたね'と申し上げると，先生は満足気に深くうなずき部屋を出てゆかれた。"

ときは 1947 年 12 月 30 日。そして'私'とは，当時東京大学（以下，東大）の大学院生として東大や東京文理科大学（以下，文理大，現筑波大学）で朝永に師事していた宮本（米二）——後に東京教育大・筑波大の教授——のことである。上記は，筆者が後年宮本から直接聞いた，彼のいわゆる'くりこみ理論誕生時の情景'である[5]。

くりこみ理論は，その後，朝永の'超多時間理論'[6]を基に定式化され，QED のみならず中間子理論などにも盛んに応用され，1950 年代にわたっては湯川中間子論と相俟って，わが国の素粒子論に黄金時代を招来することとなる。他方，米国においても同様な研究が進行していたことは，すでに述べた。これらについては，以下に順を追って考察する。

ここで筆者自身について一言しておく。1949 年春，名古屋大学（名大）3 年生のとき（旧制大学では最終学年），卒業論文を書くため坂田教授率いる素粒子論研究室こと'E 研'（E は Elementarteilchen の頭文字）に入る。1956 年夏までここに滞在，場の量子論，とくにくりこみ理論周辺の諸問題についての研究を行った。このような次第で，以下の記述は自ずと'名古屋学派から見たくりこみ理論'となるやも知れず，この点はご容赦のほどを願いたい。また，この理論に直接関係がなくても，当時の研究事情で筆者の印象に残ることなどについても，適宜紙

幅を割きたいと考えている。

§2 無限大との邂逅

筆者が初めて場の理論における'無限大（あるいは発散）の困難'について知ったのは，記憶は定かではないが，おそらく学部1年生で電磁気学の講義を受けていた頃ではなかったかと思う――もしそうだとすると1947年のことになる。戦後の貧しい時期であり，新しい教科書も十分出回っておらず，あるいはそれを購う余裕もなかった[7]。仕方なく大学の図書室からローレンツ (H. A. Lorentz)[8]やアブラハム (M. Abraham)，ベッカー (R. Becker)[9]などの古色蒼然たる原書を借り出して眺めていたことである。

そんなある日，次のような叙述に遭遇した：電子は電磁場と相互作用をしているので，(i) 自らが作り出した場からの寄与として，通常の力学的な質量 m_0 の他に，電磁的質量 δm，すなわち

$$\delta m = \frac{2}{3}\frac{e^2}{ac^2} \qquad (2.1)$$

をもつ。ただし電子は半径 a の球だとし，電荷 e はその表面に一様に分布していると仮定する。電荷がその体積に一様分布している場合には，(2.1) 式の6/5倍となる。また，ローレンツによれば，(ii) 電子が電磁波を放出することに由来する，いわゆる輻射減衰力

$$\frac{2e^2}{3c^3}\dddot{\boldsymbol{x}} \qquad (2.2)$$

が働いている。したがって (iii) 外力 $\boldsymbol{f}_{\text{ext}}$ の下での電子に対す

るニュートンの運動方程式は

$$m_0\ddot{\boldsymbol{x}} = \boldsymbol{f}_{\text{ext}} - \delta m\,\ddot{\boldsymbol{x}} + \frac{2e^2}{3c^3}\dddot{\boldsymbol{x}} \tag{2.3}$$

となる．この式の右辺第2項を左辺に移せば，$m \equiv m_0 + \delta m$ が電子の'見掛け上の質量'となる，云々．

なお，ローレンツは (2.2) 式を与えただけであったが，その導出法や物理的意味については，後年ハイトラー（W. Heitler）の教科書から学んだ[10]．さらにアブラハムの本には，運動時の質量の速度依存性までもが論じてあったが，これは今日われわれが知る特殊相対論の式とはまったく異なるものであった．

いずれにせよ，この結果は筆者にとって大きな衝撃であった．その理由を今日の筆者の言葉で整理するならば，以下のようになろうか：(1) 電子は，当然，物理の演習問題によく出て来るような点電荷だと思い込んでいたが，物理学者はさらにその構造までをも考えるのか．(2) 相対論の要求から $a = 0$ でなくてはならないとすると，(2.1) 式，したがって電子質量 m は発散してしまう．(3) その基礎においてこのような欠陥をもつ理論は，たとえ現象面において事実をよく説明するとしても，はたして理論と呼ぶに値するものなのか──おおよそこういったことになる．

そこで筆者は，この疑問を E 研の若手研究者たちに投げ掛けてみた．しかしその返答は異口同音に，"それはアカデミックな問題であって，現実の物理とは関係ない"と一蹴されたのである．物理にもこんな魔法の言葉があるのか，というのが当時の筆者の偽らざる感想であった．

それでは若手ではなく権威ある人が，このアカデミックという言葉をどのような意味合いで使っているのか知りたいと思っ

た．とくに言葉については厳格だった二人の大物，坂田と武谷（三男）の場合はどうかと調べてみた．実際に何を見たのか定かではないが，おおよそ次のような類の文章ではなかったかと思う．

まずは坂田から．後にも詳述するが（§12参照），疎開先の長野県は富士見で終戦を迎えた坂田は，東京から武谷を招き'いま何をなすべきか'について論じ合った．その回想の一部を引く[11]：

"欧米からも孤立し，新しい実験事実も皆無の状況では，実験との比較が必須の中間子論よりも，もっとアカデミックな基礎的な問題，すなわち場の量子論における発散の困難について研究しておくべきであろう"．

次に武谷であるが，論文「物質と場の対立」の中に以下のように述べている[12]：

"（以上の）古典電子論ならびに電磁量子力学の困難は，しかしながら，かなり単に理論的な，どちらかといえばアカデミックな問題としての色彩をもっていた．なぜならば，電子に関してわれわれが得るあらゆる実験事実を理論的に説明するために，これらの困難は何らの障害とならず，この困難はそれ自身実験的事実から遊離して，それ自身の問題としての意味しかもたなかった．唯一のこれに関係した実験事実としては，電子の質量 m というものしか存しないのである"．

これら大物の言葉は，若手のそれとは違った意味合いのようである。ある時点において，実験事実との関連が有るか無いかに応じて，問題を現象論的とアカデミックとに二分してよかろうが，両者は決して無関係ではないことを，坂田は示唆する。これに対し武谷はさらに，QEDの内包する矛盾，すなわちアカデミックな問題として処理すべきものは，すべて電子質量 m の中に集約されており，その構造は問わず，所与のものとして取り扱う限り，理論は現象的に有効に機能すると言う。質量 m の他に電荷 e をも付加するならば，これは正しく，くりこみ理論の線に沿った考え方となる。

　思うに1940年代の初期，アカデミックな問題に真っ向から挑み，したがって筆者の疑問に直接答えようとしてくれた数少ない理論家の一人が湯川（秀樹）である —— 彼のいわゆる"マルの話"によってである[13]。これについては次節で詳述するが，湯川のマルが朝永の'超多時間理論'[6]を生む契機となり，それが発展してくりこみ理論へと至る。これによって，筆者の疑問（3）への一応の答が得られることとなる。さらに私事にわたって恐縮であるが，後年の筆者のくりこみ理論への傾斜のルーツは，おそらくこの辺りにあったのでは，といまにして思うのである。

　終りにもう一度アカデミックなる言葉について。最近の素粒子理論の最前線は，改めてアカデミックと断るまでもないほどにアカデミックになっているように見える。反対に，もう少し現象面とのつながりが重視されてしかるべきではなかろうか。

§3 戦時中の研究（1）
——湯川のマル

くりこみ理論を生み出す契機となった諸々の研究は，1940 年代前半にまで溯る。戦時中，米国では著名な原子物理学者のほとんどが軍事研究に動員されたのに対し，わが国ではなお純粋研究が滞ることなく行われていたことはまことに奇蹟だったという他はない。その研究の中心となったのが，いわゆる'中間子討論会'である[14]。通常の学会発表では十分な討論が行えないとして，武谷や湯川らが仁科（芳雄）の支援を受けて立ち上げた。1941 年 6 月の第 1 回から，1943 年 11 月に至る期間に計 7 回にわたって催された。さらに翌 44 年 11 月にも"学術研究会——素粒子班発表会"が開かれている。

会合には 25 名前後の人々が参加していたようであり，その主要メンバーは，湯川・坂田・武谷・小林（稔）・朝永・宮島（龍興）・玉木（英彦）・渡辺（慧）・荒木（源太郎）・尾崎（正治）らであった。湯川ノートによれば[14]，会はときに"中間子懇談会"・"メソン会"・"迷想会"とも呼ばれていたとか。

討論会の中心課題は——これは言うまでもなく，当時の素粒子論の中心課題でもあるわけだが——，(i) 場の量子論における発散の問題と，(ii) 湯川中間子と当時宇宙線中に発見されていた'宇宙線中間子'（と呼ぶことにする）[15]との定量的な相違をいかに考えるか，であった。ここで (ii) とは，宇宙線中間子に対する測定値が，湯川の理論値に比して，それぞれ 2 桁程度，原子核による散乱断面積は小さ過ぎ，その寿命は長過ぎたのである。

こうした状況において，湯川の採った態度は，しかしながら，

他の人々とはまったく違っていた。例えば朝永や坂田は，二つの問題は別々に解決されるべしと考えたのに対し，湯川は，原因を場の量子論そのものの欠陥と見なし，その基礎を根本から改変することにより，両者は一挙に解決されるであろうとした。おそらくこうした考え方は，'素粒子論は将来のある時点ですべてが完結するであろう'とする彼の持論から由来したのかもしれない。近年'theory of everything'を唱える人たちにも似た考え方がある。因みに坂田は，この点で湯川とは正反対の立場であり，"電子と言えども汲み尽くせない"とのレーニンの言葉を引き（『唯物論と経験批判論』第5章第2節），'理論は螺旋(らせん)的に限りなく発展してゆく'と主張していた。いささか脱線が過ぎたが本題に戻る。

1942年4月の迷想会（於理研）で湯川は，場の量子論の基礎を変革する試みとして，'マルの話'をする[13]。ここに'マル'とは，四次元時空における閉曲面を象徴的に表現する，言わばロゴマークである。通常の時空概念に従えば，四次元空間内の世界点 $P_1, P_2, P_3, \cdots$ における事象は互いに因果的に関連し合っているか，まったく無関係であるか，そのいずれかである。

しかし素粒子の内部といった微小な領域においては，通常の時空概念はもはや成立せず，作用の伝播もあるいは光速を超えるかもしれない。したがってマルの内部の $P_1, P_2, P_3, \cdots$ における事象を因果的に整序することは不可能であり，それらを全体的に把握する以外に手はないであろう。そこで彼は，この3次元閉曲面 C 上において場がある値を取る a priori な確率を基本量として考えようとしたのである。このような確率は，以前にディラック（P. A. M. Dirac）が'一般化された変換関数'[16]として示唆したものであるが，ここではそれを超因果的に一般化し

研究室の朝永

たものと考えられる。

　この研究会以降も湯川は,折あるごとに黒板にマルを書き,構想の深化と具体化に務めたと伝えられる[17]。しかし,物理理論の基礎である因果律の超克は,所詮,容易ならざる難関であった。

§4　戦時中の研究 (2)
　　　——朝永の超多時間

　さて,因果律をも棚上げにする湯川の超越的・瞑想的な'マル'のアイディアを,既存の物理学の枠内で具体化する試みは,朝永によってなされた。湯川の革命的な100歩前進を,朝永は保守的に30歩程度に止めたのである。つね日頃朝永は,自らを評して'反動ならざる保守'としていたが,その保守性のよい面が,ここでは十分活かされた。朝永はまた,'他人が困った困ったと言っているときに,こうすれば困りませんよ,といっ

た仕事が自分には多い'とたびたび口にしていたが，その特殊能力が，ここで発揮されたとも言える．彼の'超多時間理論'がそれである．

この研究についての最初の'報文'「場の量子論の相對律的な定式化について」は1943年6月号の『理化学研究所彙報』に英文アブストラクトとともに発表されている[6]．ただし論文受理の日付は1943年4月20日であり，その冒頭には次のように述べられている：

　　　"最近，湯川氏は場の量子論の基礎に関して多岐にわたって含蓄の多い考察を行われた．その中で強調されてゐる一つの点は，場の量子論の現在の形が未だ完全に相對律的になり切ってゐないといふことである"．

同年6月19日に行われた第6回の中間子討論会（於理化学研究所―以下理研と略）では，湯川ノート[14]によれば，最初の講演者が朝永となっており，おそらくこのできたての論文がここで初めて公表されたと思われる．

湯川においては考察の対象を任意の閉曲面 C としたために，そこで生起する現象は因果的に複雑錯綜したのであるが，朝永はそれを避けるべく，曲面 C を C と C' とに二分して――渡辺（慧）の表現を借りれば――'空飛ぶ円盤形'にしたのである．数学的には次のようになる．

C を4次元時空における'空間的な'曲面とするとき，場の状態 Ψ は C の汎関数 $\Psi[C]$ として与えられる．いま C' を別の空間的曲面とし，C' は C と世界点 $P(x, y, z, t_{xyz})$ の近傍の無限小の領域でのみ C と異なるとする――この領域が図のよう

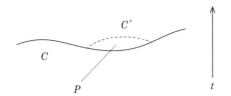

に空飛ぶ円盤形になっていて、その下面 C を原因とすれば、上面 C' が結果となり、因果律は回復される。次に $d\omega$ を C と C' で囲まれた 4 次元領域の体積として

$$\frac{\delta \Psi[C]}{\delta C_p} = \lim_{C' \to C} \frac{\Psi[C'] - \Psi[C]}{d\omega} \qquad (4.1)$$

と定義し、状態 $\Psi[C]$ に対する——シュレーディンガー方程式に対応する——運動方程式を

$$i\hbar \frac{\delta \Psi[C]}{\delta C_p} = H_{\text{int}}(P) \Psi[C] \qquad (4.2)$$

と仮定する。ここに H_{int} は場の相互作用ハミルトニアン（密度）であり、相互作用ラグランジアン（密度）L_{int} が場の量の時間微分を含まない場合には、$H_{\text{int}}(P) = -L_{\text{int}}(P)$ となり、明らかに四次元スカラーである。

さらに H_{int} の中に含まれている場の演算子は自由場の方程式を満たすとするので、それらの交換関係は 4 次元不変デルタ関数を用いて共変的に表現される。したがってハイゼンベルクーパウリ形式の場の理論[18]とは異なり、すべての関係式は、外見的には明らかに、ローレンツ共変的になっている。また式 (4.2) の形式解は、C_2 が C_1 より未来にあるとして、

$$\Psi[C_2] = \prod_{C_1}^{C_2} \left(1 - \frac{i}{\hbar} H_{\text{int}}(P) d\omega \right) \Psi[C_1] \qquad (4.3)$$

で与えられる。ただし $\prod_{C_1}^{C_2}$ は C_1 と C_2 に挟まれている、すべての

4次元体積要素についての積であり,そこに現われる積 $H_{\text{int}}(P_1)H_{\text{int}}(P_2)\cdots H_{\text{int}}(P_n)$ においては,後の時刻の演算子はつねに左に来るように並べられているとする。P_i と P_j が互いに空間的である場合には,両者の時間的順序は座標系に依存するが,この場合には $H_{\text{int}}(P_i)$ と $H_{\text{int}}(P_j)$ は可換であるので,その順序は結果的に問題とならない。したがって(4.3)は完全にローレンツ不変となる。

ところで1932年にディラックが多体問題を相対論的に取り扱うために,各粒子にそれぞれ異なる時間座標を付与し,通常の $\psi(x_1, y_1, z_1; x_2, y_2, z_2; \cdots; t)$ の代りに $\psi(x_1, y_1, z_1, t_1; x_2, y_2, z_2, t_2; \cdots)$ を採る'多時間理論'なるものを考えたことがある[19]。上記の定式化をこれと対比するとき,空間の各点 (x, y, z) に対して,それぞれの時間 t_{xyz} を導入していると見ることができる。朝永が彼の理論をディラック理論の一般化と見なし,'超多時間'理論と呼んだ所以である。

この新形式の理論を具体化する作業は,しかしながら,戦争激化のため,戦後のこととなる。実際,朝永は短期間ではあるが,軍事研究に携わる。1943年半ばころ,海軍が静岡県島田に電波兵器開発のために研究所を設立し,朝永も小谷(正雄)・萩原(雄祐)・渡瀬(譲)・宮島らとともに,これに協力する。ここでは磁電管や立体回路について研究し,大きな成果を挙げる。これに対しては1948年,小谷とともに学士院賞を受けている。

他方,私的な面では,1945年3月家族を京都郊外に疎開させ,同年4月の東京空襲では駒込曙町の自宅を焼失する。戦争末期には,こうした事情から,素粒子論の研究は実質的に不可能だったと思われる。

この節を終える前に余話として——くりこみ理論とは直接の

関係はないが——もう一つの重要な戦時中の成果，'二中間子論'についても一言しておきたい。§3で述べた大問題（ii）に関するものである。1942年の春，坂田と谷川（安孝）がこの問題について議論しているときに，谷川が湯川中間子と宇宙線中間子はまったくの別物ではないか，と言い出した[20]——前者が短時間の中に後者に崩壊し，われわれが宇宙線中に見ているのは後者の方である，というわけである。そこで二人はこの問題を手分けして調べることにし，坂田は崩壊後の粒子がフェルミオンの場合を，谷川はそれがボゾンの場合を担当することになった。もちろんこの時点では，理論的にいずれの模型が正しいのか，はまったく不明であった[21]。

しかし戦後は1947年になって，ブリストル大のパウエル（C. F. Powell）のグループが高山で宇宙線に曝した写真乾板の分析から，坂田の模型が正しいことを確認した[22]。その結果，この研究についてのすべての功績は坂田に帰することとなった——例えば，1950年度の学士院賞恩賜賞は二中間子論提唱の理由で坂田のみにゆく。科学の世界でも，こうした不条理はときに起こる。他方，同年度のノーベル物理学賞はパウエル個人にゆく——なぜ理論家と実験家の共同授賞とならなかったのか。これもまた不条理ではある。因みに湯川は，生前，"坂田さんをノーベル賞に推薦したいと思うのだが，その時期が難しい"と洩らすのを聞いたことがある。しかし坂田は早世する——1970年59歳で。

それはともあれ，戦時中のこうした蓄積は，戦後のわが国の素粒子論に見事なスタート・ダッシュを与え，戦時中は研究を中断していた米・欧の物理学者たちを驚愕させる。終戦から1950年代にかけては，そのゆえに，わが国素粒子論にとっての

黄金時代ではなかったか，と筆者は思うのである．

§5 ハイゼンベルクの先駆的研究

式（4.2）は戦後1948年，独立にシュヴィンガーによっても提唱されたので[23]，現在は'朝永-シュヴィンガー方程式'と呼ばれている，また相対論的場の量子論のこの形式を，'朝永-シュヴィンガー理論'と呼ぶこともある．しかしこれについては，いささか異論がある．

1938年にハイゼンベルクが「従来の量子論の適用限界について」と題する論文を書き，Zeits. f. Phys. 誌に投稿した[24]．同年6月24日受理となっている．具体例としてフェルミ相互作用の場合を取り扱っているが，彼の処法は他の相互作用の場合にもそのまま適用される．現在の用語を使えば次のようになる．

場の状態の時間変化を規定する式をシュレーディンガー表示で書き，そこから相互作用表示に移行し，出来した式の一般的形式解を書き下す．そしてこれに対し"簡単な一般化を施して"と断って，彼は式（4.3）と同一の式を書き下すのである．この式を$(d\omega)$について微分すれば，もちろん，式（4.2）は容易に導かれる．なお彼はこの形式解が見掛け上，明らかに相対論的に不変であることを説明するのだが，その内容は前節で述べた朝永の場合とまったく同様である．つまりここでは，ハイゼンベルクが共変形式理論の骨子を極めて明確に述べているのである．

1929年のハイゼンベルク-パウリの形式[18]においては，理論が相対論的に不変であることを示すには迂遠な議論が必要であった．この不便さを除去しなくてはということが，ハイゼンベ

ルクの意識の中にずっと潜在しており，それがこの論文に至ってようやく顕在化したのかと思われる。

以上の理由から，件の形式をば，'ハイゼンベルク-朝永-シュヴィンガーの理論'と呼ぶべきではないか，と筆者は思うのである。

因みに，このハイゼンベルク論文が書かれた当時，朝永はライプツィヒの彼の研究室に滞在中であり，おそらくは草稿の段階でその内容を知悉していたのではとも想像される。実際，ハイゼンベルクの形式解については，朝永の第一論文[6]でも，第3章の終りで言及されている。

そこで起こってくる興味ある問題は，'なぜ1938年のライプツィヒで両者がこの新形式について共同研究を行い，ハイゼンベルク-パウリに代るべき，ハイゼンベルク-朝永形式の場の量子論を構築してみせなかったのか'，である。これについては，次節で私見を述べる。

§6 研究者の2つの型
　　——湯川と朝永の場合

前節終りに述べた問いに答えるために，理論研究者に見られる2つの型(タイプ)についての考察から始めたいと思う。以下ではそれぞれを'P型'，'F型'と呼ぶことにする。

まずP型とは，実験データの分析から，現象の特徴を摑み，そこにある規則性を求め，そしてそれらを説明し得るような模型の可能性をも探索する，いわゆる'現象論屋（phenomenologist）'のことである。物理的事実を直視することから出発するので'現実的（realistic）'であり，物理学の基礎を徐々に積

み上げてゆくという意味で'上昇的'であり,そこから法則性を探るという点で,'具象的'・'帰納的'である。

　これに対しF型とは,'形式論者（formalist）'であり,始めに一般的原理を措定し,次いでそれを数学的に定式化し,そこから個々の現象に対する理論を導出しようと試みる。1950年頃の用語では'場の理論屋'のことであり,その研究態度は,P型との対比で言えば,'下降的'であり,'抽象的'かつ'演繹的'である。物理理論を一種の言語だとすれば,P型はその言語で仕事する'文学者'であり,F型はその'文法学者'だと言えよう。

　以上の事柄を念頭におき,湯川と朝永の'型'についての考察に移る。理論物理学者を単純に二大別するのは極めて大雑把なようであるが,強烈な個性をもった2人の場合にはそれで十分なのである。

　まずは湯川から。湯川・朝永が京大を卒業して研究生活に入ったのは1929年であり,量子力学は一段落したが,代って場の量子論が華々しく展開されていた頃に当たる。次々と現れる論文を両者はほとんど独学で修得し,一段落したところで1932年となる。奇蹟の年とも言われ重要な発見が相継ぐ——中性子の発見,新しい核構造論の提案,高電圧加速器の発明とそれによる人工核変換,陽電子の発見である。両者にとって,おそらく眼も眩むばかりの日々ではなかったろうか。

　逆に,そういう時代だからこそ,研究テーマも比較的にたやすく見つかるので,研究論文のリストは,習作的かつ現象論的な'小'論文が並ぶのでは——と読者は想像されるであろう。しかし湯川の論文リストでは,さにあらず,Opus 1（作品番号1番）の論文は何と1935年の中間子論の'大'論文[25]なのであ

る。

　つまり研究生活を始めた1929年から1935年に至るまで，学会報告などは行っていたが，正式の研究論文（欧文）は書くことがなかったのである。1933年に彼は阪大に移るが，ときの理学部長八木秀次があるとき彼を呼び，このことについて注意したらしい——この話を筆者は師の坂田から聞いた。ともあれ湯川は悠々と自己のペースを守り，機の熟するのを待った。大論文を書くには，それ相応の時間が必要だということである。翻って近年の研究事情を見ると，毎年数篇の論文を生産しなければ，研究者であり続けることは困難なようである——まことに歎かわしい事態ではある。話を元に戻す。

　さて大論文の大論文たる所以は，次の二点にあると筆者は考える。第一に，世の有名・無名の研究者たちが，こぞって核力（核子——陽子・中性子——間に働く力）の現象論に奔走していたときに，彼だけが'核力の本性は何か'という根本的な問い掛けを行っていたこと：その解決が中間子の導入であり，その交換が核力を生むとした。第二に，湯川中間子を媒介に，β崩壊の現象をも理解しようと努めたこと：中性子がまず負の中間子を放出して陽子となり，この中間子がさらに電子と（反）ニュートリノとに崩壊する——この2段階の過程と考えた。これは今日の言葉で言えば，強い相互作用（核力）と弱い相互作用（β崩壊）との統一的な理解を志向していたことになる。現在の素粒子論における中心概念である'統一'なるものの，おそらくは先駆けをなすものではなかろうか。まさしくF型の発想に他ならない。

　他方では，'マル'の話（§3参照）の延長として，戦後には'非局所場'[26]や'素領域'[27]の理論が展開されてゆく。しかし，

それらに通底するものは，ただ，'時空の原子論的構造こそが，素粒子論の基礎的要請として定立されねばならない'とする彼の年来の信条だった，と筆者には思われる。晩年の彼は"場の量子論の基礎を根本的に改変することこそが，自らの物理の窮極的な目標であり，中間子論はその道程における一副産物に過ぎない"（大意）と周囲の人たちに洩らしていたという[14]。

　この目標に向けての長くて困難な旅を，彼は終生歩み続けた。自伝の表題『旅人』[28]が，こうした彼の生き様を象徴している。これを要するに，彼は一貫して典型的なF型であり続けた。

　以上湯川について長々と述べたのは，彼を基準にして朝永を語りたいと思ったからである。さてその朝永であるが，1932年に理研の仁科（芳雄）研究室に入り，ここから彼の研究は本格化する。原子核や宇宙線の実験を主目的とする研究室の，いわば座付き理論家としてである。そのためか，彼の論文リストは，湯川とは異なり，完全に現象論的な研究報告で始まっている。発表後間もないディラック電子論や核力などの計算が中心であり，論文の第一著者として仁科の名前が入っている。要するに朝永は，湯川とは正反対に，その研究経歴をP型理論家として出発したと言える。

　このことはまた次の事実からも明らかである。1933年4月3日，湯川は東北大で開かれた日本数学物理学会年会において，核力を電子交換によるとする説を発表し，講演後朝永と議論を行ったらしい。その数カ月後に書かれたかと思われる朝永から湯川宛の手紙が京大湯川記念館史料室に残されている[29]。ここでは適当な核力ポテンシャルを仮定して，陽子・中性子散乱や重陽子の問題が細々と計算してある。仮定されたポテンシャルの中には，後年'湯川ポテンシャル'と呼ばれることになる

$e^{-\lambda r}/r$ も含まれている。この現象論的計算が湯川には大いに参考になったようで，中間子論の第一論文では脚注を付して感謝している。

さて朝永は P 型のままに，1937 年ライプツィヒのハイゼンベルクの研究室に留学，2 年間滞在する。朝永自身の表現によれば'原子核理論研究のため'となっている。"あなたはもう，私が面倒みなくてもよい人，自由にやりなさい"とのハイゼンベルクの言葉を受け，まず独文で「核物質の内部摩擦と熱伝導」なる論文をまとめ，Zeits. f. Phys. 誌に投稿する[30]。その後は，湯川理論を用いて核子の磁気能率や β 崩壊などの計算を試みる[31]。

と，このようにライプツィヒでも P 型であり続けたので，傍らのハイゼンベルクの新論文[24]の中に転がっていた黄金の原石には，とくに惹かれることがなかったのであろう —— これが前節末の問い掛けに対する筆者の回答である。1939 年，欧州の雲行きが怪しくなり，折から第 8 回ソルヴェイ会議出席のため渡欧していた湯川とともに，急遽，引揚船靖国丸にて（ただし湯川は途中下船，米国各地を訪問）帰国する。

しかし，先にも述べたように，1943 年 4 月，湯川の'マルの話'に呼応して'超多時間理論'を構想した時点において，遂に朝永は P 型から F 型へと相転移する —— とこのように筆者は考えたい。つまりは湯川という存在が相転移の誘因となり，われわれの知る朝永が誕生したことになる。

朝永におけるこの相転移を一種の羽化だとすれば，次なる問いは'なぜ羽化のためにかくも長年月を要したのか'である。これに対する原（康夫）説は[32]，説得力があり，真実に近いと思われる：1941 年，朝永は文理大の教授となる。'親方'（弟子た

ちは親愛の念を込めて，師をこのように呼んでいた）仁科の下で感じていたかもしれない一種のプレッシャーから解放され，いまや一国一城の主となる。とくに彼を招いた同大物理教室の実力者藤岡（由夫）は，"朝永には雑用をさせるな。その分は自分がやる"と教室員に要請していたこともあり，新天地は朝永にとって自由で理想的な研究場所だったかと想像される。朝永の羽化には，このことが与って力があったろう，と原は説く。

これを要するに，湯川と朝永はよき友であり，またライヴァルでもあったろう。しかし，湯川中間子論を朝永が支援し，朝永超多時間理論に湯川が示唆を与え，両々相俟って，それぞれが大成してゆく――切磋琢磨とはこのような交わりを指すのであろう。

因みに朝永の人生には，もう一つの相転移があった。1956年，50歳で東京教育大の学長となり，研究からは離れる――研究者から行政家への相転移である。周囲の人々の，"先生にはまだまだ研究を"との願いを振り切ってである。50歳での研究断念はいかにも早すぎるが，その真意の程は量り兼ねる。これに反し湯川は，研究の面でも，人生においても，終生ただ一つの相を歩み続けた。朝永の生き様に潔さがあったとすれば，湯川のそれには美があった。

このように，湯川と朝永は，多くの面で対極的な性格の持ち主であった。両者の対比論は，それゆえ，極めて興味深い問題であり，筆者の永遠の研究テーマの一つでもある。最近の研究報告については，文献[33]を参照されたい。さらに，湯川・朝永・坂田の対比論をも，ことの序でに文献を挙げておく[34]。

1─F. J. Dyson, "Disturbing the universe", Harper & Row, New York (1979) p. 57.

2─S. S. Schweber 著は Princeton Univ. Press (1994).

3─D. Kaiser, "Drawing theories apart ── the dispersion of Feynman diagrams in postwar physics", Univ. of Chicago Press (2005).

4─坂田昌一,『科学』**16** (1946) p. 203; S. Sakata, *Prog. Theor. Phys.* **2** (1947) p. 145; S. Sakata and O. Hara, ibid. **2** (1947) p. 30. O. Hara, ibid. **3** (1948) p. 188.

5─関連文献としては,宮本米二,『物性研究』34 巻 2 号 (1980) p. 148;『筑波大学朝永記念室報』no. 1 (1983) p. 18.

6─朝永振一郎,『理化学研究所彙報』第 22 輯第 6 号 (1943) p. 545; *Prog. Theor. Phys.* 1 (1946) p. 27.

7─例えば湯川秀樹著『極微の世界』,岩波書店 (1942) を読んだのもずっと後年である。

8─H. A. Lorentz, "The theory of electrons and its applications to the phenomena of light and radiant heat", 2nd ed., Teubner, Leipzig (1916), chapt. 1. 後に邦訳が出た;『ローレンツ電子論』,広重徹訳,東海大学出版会 (1968)。

9─両者とも多くの教科書を著しているが,筆者の見たのはおそらく,文献 8 と同じ出版社刊行の M. Abraham, "Theorie der Elektrizität", Bd. II, "Elektromagnetische Theorie der Strahlung" (1933), § 20; R. Becker, "Theorie der Elektrizität", Bd. II, "Elektronen Theorie" (1933), §8 ではなかったかと思う。

10─W. Heitler, "The quantum theory of radiation", Univ. Press, Oxford (1936). 邦訳は『輻射の量子論』上／下, 沢田克郎訳 (1957/58)。

11─坂田昌一, 中部日本新聞, 1948 年 5 月 17 日号。

12─武谷三男,『科学』**16** (1946) p. 199;『続弁証法の諸問題』,理論社 (1959) p. 178. 文献 11, 12 の発掘は西谷正氏に負う。

13─湯川秀樹,『科学』**12** (1942) p. 249, 282, 322。また湯川物理学におけるマルの位置付けについては田中正,"湯川博士の物理学", 日本大学原子力研究所 NUP・B・2001-1 (2001)。

14─これについては, 河辺六男・小沼通二,『日本物理学会誌』**37** (1982) p. 265 に詳しい。

15―C. D. Anderson and S. H. Neddermeyer, *Rhys. Rev.* **50**（1936）p. 263.

16―P. A. M. Dirac, *Phys. ZS. Sowj.* **3**（1933）p. 64.

17―坂田昌一教授との私的会話による。この種の昔話を坂田はいかにも懐しげに語るのであった，とくに師の湯川について。

18―W. Heisenberg und W. Pauli, *Zeits. f. Phys.* **56**（1929）p. 1; **59**（1930）p. 168. L. Rosenfeld, ibid. **76**（1932）p. 729.

19―P. A. M. Dirac, *Proc. Roy. Soc.* **A136**（1932）p. 453.

20―坂田昌一，『物理学と方法――論集1』，岩波書店（1972），p. 147, 6-7 行。この議論の翌日，湯川研の奈良ピクニックがあった，と坂田は言う。しかし通説は谷川提案をピクニック中の産物としている。なお谷川側の事情については，中村誠太郎『湯川秀樹と朝永振一郎』読売新聞社（1992）pp. 37-39 に詳しい。

21―坂田昌一・谷川安孝・中村誠太郎・井上健，1942 年 6 月 12 日の理研講演会，およびその翌日の第 4 回中間子討論会（於理研）での講演。坂田昌一・井上健，『日本数学物理学会誌』**16**（1942）p. 222 ; S. Sakata and T. Inoue, *Prog. Theor. Phys.* **1**（1946）p. 143.

22―C. M. G. Lattes, H. Muirhead, G. P. S. Occhialini and C. F. Powell, *Nature*, **159**（1947）p. 694. C. M. G. Lattes, G. P. S. Occhialini and C. F. Powell, ibid. **160**（1947）p. 453, 486 ; *Proc. Rhys. Soc.*（London）**61**（1948）p. 173. 今日では，湯川中間子を 'π-中間子'，宇宙線中間子を 'μ-粒子' と呼んでいる。後者は前者と異なり強い相互作用をもたない。

23―J. Schwinger, *Phys. Rev.* **74**（1948）p. 1439 ; **75**（1949）p. 651 ; **76**（1949）p. 790.

24―W. Heisenberg, *Zeits. f. Phys.* **110**（1938）p. 251. ここでは '$t =$ 一定' の平面から出発するが，その形式解を $d\omega$ について微分・積分すれば，平面は空間的局面となる。

25―H. Yukawa, *Proc. Phys.-Math. Soc.* **17**（1935）p. 48.

26―H. Yukawa, *Phys. Rev.* **77**（1950）p. 219 ; **80**（1950）p. 1047 ; *Prog. Theor. Phys.* **6**（1951）p. 133.

27―H. Yukawa and Y. Katayama, *Prog. Theor. Phys. Suppl.* No. 41（1968）p. 1 ; H. Yukawa, Y. Katayama and I. Umemura, ibid. No. 41（1968）p. 22.

28―湯川秀樹，『旅人――ある物理学者の回想』朝日新聞社（1958）。現在は「角川ソフィア文庫」に所収。

29―湯川記念館史料室，史料番号：S 04-03-009（F02080C01）。また『仁科芳

雄往復書簡集Ⅰ』中村良平・仁科雄一郎・仁科浩二郎・矢崎裕二・江沢洋編，みすず書房（2006）pp. 298-303 に書簡番号 310 として所収。
30―S. Tomonaga, *Zeits. f. Phys.* **110**（1938）p. 573.
31―朝永振一郎，「滞独日記」，その一部は『朝永振一郎著作集』別巻 2，みすず書房（1985）に所収。原文は筑波大学朝永記念室蔵（未公開）。
32―原康夫氏の持論であり，たびたび氏と論じあった。
33―S. Kamefuchi, "Tomonaga and Yukawa, as contrasted" in *AAPPS Bulletin*, **17**（2007）p. 15. 日本語版は第Ⅱ部第 2 章に収録。
34―亀淵迪，『図書』，岩波書店，2012 年 12 月号，p. 2。第Ⅱ部第 3 章に収録。

第2章

荒廃からの始動

§7 東京の廃墟のなかで (1)
——朝永アカデメイア

　ノーベル賞の対象となった新形式の QED の展開から，くりこみ理論へと至る一連の研究は，いわゆる'朝永ゼミ'を中心にして行われた。まさしくこの場は，われわれ若手素粒子論研究者にとっての'アカデメイア'であった——'量子力学を知る者入るを拒まず'であったか。不思議なことに，その発祥の地は，当時朝永の属していた文理大ではなくて，東大の物理教室だったという[5]。事情は次のようである。

　1944年3月，朝永は東大の非常勤講師に任ぜられ，病気の落合（麒一郎）教授に代って'量子力学'を講じ始める。また同年9月，後期学生（最終の3年生）は卒業研究のため各研究室に配属されたが，小谷教授の配慮から，素粒子論志向の木庭・早川（幸男）・宮本の3名が，朝永講師の下で'原子核と宇宙線の理論'の指導を受けることとなる。実際には，ハイトラーの教科書 "The Quantum Theory of Radiation"[10] の輪講であった。こ

の3名は何と幸いなことであったか。と言うのも，当時の前・中期学生（1,2年生）らは，戦争の激化とともに勤労動員に駆り出され，十分な講義も受けられなかったからである[35]。なお東京は同年11月14日以降，空爆に曝されるなどの悪条件も重なる。

1945年8月にはようやく戦争も終るが，その後の日本には，暫時，まったくの混乱状態が続く。しかしその中にあって，上記3学生はともかく9月に東大を卒業する。

終戦の翌1946年ともなると，世の中も大分落ち着きを取り戻し，文理大も焼け残った建物で授業を再開する。これに応じて朝永ゼミも，構想を新たに，同大大塚キャンパスで再開される。文理大の人々はもとより，東大からも上記3名の他に多くの研究者たちが参加するようになる。最盛時の主要メンバーを列記すれば，文理大からは宮島（龍興）・田地（隆夫）・福田（信之）・馬場（一雄）・伊藤（大介）・鈴木（良治）・佐々木（宗雄）ら，また東大からは中村（誠太郎）・南部（陽一郎）・武田（暁）・谷（純男）・福田（博）・山口（嘉夫）・藤本（陽一）・木下（東一郎）と続く。ゼミではディラックの多時間理論[19]を始めに，QEDの基本的論文が次々と採り上げられてゆく。こうして二大学のつながりはいよいよ深まってゆき，東大側からも'われこそは朝永門下の一員'と自称する人も出てくるほどになる。何れにせよ，東大勢の参加は，朝永理論の発展にとって，絶大な力を付加することとなる。

大塚キャンパスは，しかしながら設備の不足から，1947年6月には，理論研究室や実験研究室の一部が，新宿は大久保にあった焼け残りの旧'陸軍技術研究所'の建物へと移転する。中央線の大久保駅と山手線の新大久保駅のほぼ中間にあったコン

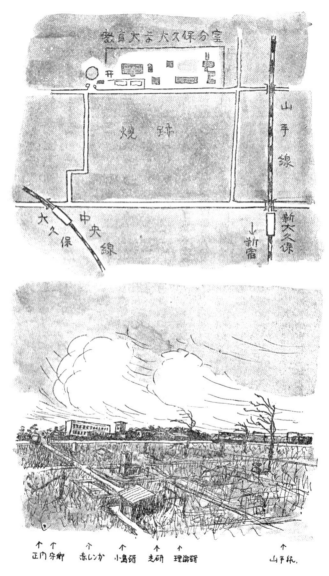

伊藤大介氏によるスケッチ

クリート造りの建物で，焼け野が原の中では目立った存在であった[36]。旧陸軍に属していたため占領軍の管理下にあり，周囲は有刺鉄線が張り巡らされていた。入口の守衛所では，ノートに氏名・行先・用件などを記入し，バッジを付けて入所した。この廃墟さながらの建物が，以後の朝永ゼミの本拠地となり，ここで世紀の大研究がなされてゆくこととなる。

　ゼミで鍛えられた東京の若者たちについても，一言しておかなくてはならない。戦争末期から戦後にかけて，身体的にも学問の面でも，もっとも成長が期待される時期に，多大の被害を蒙った世代である。戦時中は大学でも授業はほとんどなく，勤労動員で工場や農村などに派遣され，個人的に勉学しようと思ってもその余裕や資料がなかった（筆者の場合，泊められた動員先の農家の2階には電灯がなく，暗くなれば寝るだけであった）。終戦とともに空襲などによる直接の危険はなくなったが，衣・食・住のすべてに事欠く時期がずっと続く。朝永ゼミの部屋にももちろん暖房などはなく，例えば，冬季のゼミ風景の写真を見ると，全員外套(オーバー)を着たままで座っている。

　加えて，'占領軍は原子物理学の研究を禁止するのでは'といった噂も流れてくる。実際，1945年11月（24日）には，理研のサイクロトロンが東京湾に投棄され，京大・阪大でも同様な処置を受ける。

　こうした状況の中で多くの若者たちは，おそらくアルバイトで生計を立てながら，勉学を続けていたのであろう。さらに大学を出たからと言っても，就職先が見つかるような世情ではまったくなかった。それにも拘らず彼らは，なぜ毎週金曜日，この朝永ゼミへとやって来たのか。ただただ学問を究めたいという高い志のゆえであったかと思われる。そうした希望を満たし

てくれる最高の場所が，この朝永ゼミであった。

　ゼミには，もちろん東京周辺の人々も出席していた。遥(はる)ばる名古屋からも2名がやって来た —— 梅沢（梅澤博臣）と筆者である。1950年秋の数ヵ月を筆者らは東京で過した。いわゆる内地留学であり，朝永がプリンストンから帰国した直後の頃である。東京の研究者たちと意見を交すのが主目的であり，もちろん朝永ゼミにも，この間何度も出席した。筆者らの，ハイゼンベルク演算子でもって定式化した仕事「核子の周りの固有場と中間子の多重発生」[37]については，梅沢がゼミで報告した。ゼミ後の朝永のコメントは"この仕事は'ワイツェッカー—ウィリアムス（Weizsäcker-Williams）の方法'[38]の現代版ではないのか。これを共変的に書き直したらどうか"であった。もしこの提言を受け入れておれば，'LSZ'的なもの[39]になったはずだが，間もなく'著者グループ'が分解し，しかもそれぞれに仕事があったため，実現には至らなかった。いまから思えば残念なことをしたものである。

　朝永ゼミについての個人的印象は，'大体E研ゼミと同じだな'であったが，ただ当時の朝永教授は厳しかった。あるとき，大学院生らしき人が文献紹介を行ったが，途中で立往生してしまった。彼が"計算はこの次までにやって来ます"と言ったのに対し，師の言葉はただ"いまそこでやりなさい"であった。

§8　東京の廃墟のなかで (2)
　　—— 朝永ハウス

　戦争末期から戦後にかけて，全国民のほとんどが衣・食・住に関して大変な難儀を体験した。各人がたんに一生物として存

続してゆけるか否かの瀬戸際にあった，と言っても過言ではない。そしてこのことは，朝永一家にとっても決して例外ではなかった——とくに住の面において。

　まず終戦直前の1945年3月には，東京空襲も繁くなり，朝永は，先にも述べたように，家族を京都郊外に疎開させ，自らは駒込曙町の自宅から大学や島田へと通い始める（§4参照）。しかし4月13日の空襲でその自宅も焼失する。戦後，家族は東京に戻り，しばらくは東京天文台長だった岳父の官舎に寄寓するが，それも不可能となり，研究所内に引越すことになる[40]。

　構内の火薬庫の隣に'トンネル'状の細長い構造物があり，本体は総コンクリート製なので，むしろトーチカに近い代物で，その中頃に2つの部屋がくっついていた。トンネルはもともと弾道実験用の設備で，2つの部屋は計測室だったらしい[41]。この，天井も壁も床もコンクリートの'部屋'が，朝永一家の住み家——通称'朝永ハウス'——となったのである。占領軍は，所内の建物の標識として，人の住める建物には1, 2, 3,…の数字を，人が住めない処にはA, B, C,…とローマ字を割り振ったが，朝永ハウスは後者なので，入口の上にはI（アイ）と書かれていた。そこで朝永の曰く，"ここが私たちのアイの家です"と。とうてい人の住めそうな処ではない惨めな状況を，軽くジョークで受け流すのは，いかにも朝永らしいが，かえって当方の心が痛む。一室には水道蛇口があったので，ここをダイニング・キチンとし，一室には板を張り，その上には朝日文化賞（1946年度）の賞金1万円也で購入した畳を敷いた。

　因みにこの賞は，「中間子論の発展と超多時間理論」が授賞の対象であった。門下生たちがお祝いに，師の肖像写真を贈ろうとしたところ，"額に入るより風呂に入りたい"ということで，

代りに風呂桶を差し上げたとの逸話もある。簡易便所も傍らに設けられた。

この異常な場所で，3人の幼児を抱えての生活は，夫妻には極度の労苦を強いるものであったろうと想像される —— 終戦直後の，決して珍しくはない一情景であることは認めるにしても。これを要するに朝永は，研究の面でも生活の面でも，極度に劣悪な状況の中に置かれていたと言える。

終りに，このことに関わる余話を一つ。1983年9月（23日），筑波大学で'朝永記念室'なるものが発足した。朝永に関わるあらゆるものを収集・保存し，その一部を展示することを目的とした[42]。朝永家からは貴重な品々 —— ノーベル賞の賞状や金メダル，自筆原稿やノート，西田幾多郎の書（2点），遺品，蔵書，写真等々 —— を寄贈して頂いた。

その数年後のこと（正確には1987年2月6日），時の文部（現，文部科学）大臣，'塩爺'こと塩川正十郎氏が大学を視察した折，この記念室にも足を運んだ。説明役は筆者が務めたが，終戦直後の大久保の研究室や朝永ハウスの写真や油絵（伊藤大介氏への委嘱作品）には，とくに感慨深げに見えた。そこで筆者が"ノーベル賞の研究は，このような劣悪な環境から生れたのです"と告げたところ，すかさず大臣曰く，"それじゃ別にお金を出さなくても，いい研究ができるということかね"と。これには参った，塩爺大臣の鮮かな一本勝ち。説明の仕方も人によりけりであることを思い知らされた。

§9 超多時間理論の展開

先にも述べたように，超多時間形式による場の量子論とくに

↑朝永研　↑火薬庫跡　↑トンネル　↑理論研　↑光研

↑火薬庫入口　↑朝永ハウス　↑トンネル

伊藤大介氏によるスケッチ

QEDへの具体的適用，およびそこから派生したくりこみ理論など一連の研究は，戦後，朝永ゼミを中心に行われた。中でも東大の木庭は，朝永の片腕として，その貢献が最も大きかったと筆者は見る。

　研究が具体的にどのように行われたかについては，朝永のノーベル賞記念講演にまとめられている。簡潔だが隙のない，そして美しい文章であり，ぜひ日本語の原文を読まれることをお勧めしたい。と言うのも，英訳は門下生の一人によるものであり，原文にある朝永調の味わいがどの程度に再現されているかが問題だからである[43]。原文はおそらく，物理について書かれたもっとも美しい日本語の一つではなかろうか。そういう日本語が書ける人だからこそ，壮大・精緻な理論を書くことができた，とさえ思えてくる。

　なおこの講演は1965年の授賞式には事故のため欠席を余儀なくされたので，翌'66年5月6日にストックホルムを訪れて行われた。因みにその事故とは，受賞お祝いの酒を飲み過ぎたため，風呂場で倒れて肋骨を折ったこと，と俗説は伝える。なおこれについての朝永のコメントは"ノーベル賞を貰うのは骨が折れる"だったとか。

　講演の骨子を述べれば以下のとおりである："場の反作用（素粒子が自ら作った場と再び相互作用をすること）の重要性は，私がライプツィヒ留学中にハイゼンベルクから徹底的に教え込まれたことである（次節参照）。その反作用は無限大の困難に関わるが，それを処理する上で，湯川の'マルの話'[13]に触発され，ディラックの'多時間理論'[19]を参考にして作った'超多時間理論'[6]が有効であった。例えば，質量型の発散項を接触変換によって共変的に分離することが可能となった。そのため摂動

計算は簡単になり，先行者，例えばダンコフ（S. M. Dancoff）[44]の間違いを正すことができ，その結果，発散項はすべて電子の質量と荷電の中にまとめられることが判明した"。

さらなる詳細は当の講演に委ねるとして，以下では，筆者の見聞した断片的挿話の幾つかを紹介するに止めたい。

超多時間理論の具体的応用の仕事は，QED の定式化から始まった。早川によると[45]，1946 年 4 月，東大物理教室の木庭の部屋で朝永が，木庭・早川・宮本の 3 人を前にして，この提案を行った。さらに宮本によると[5]，そのためのゼミが，文理大の焼残りの建物（通称の W 館か）内にある，北向きの汚い部屋で，同大の宮島らを交えて始まった由。QED の対象とする荷電粒子が電子（スピン 1/2）の場合を木庭・田地・朝永が[46]，荷電中間子（スピン：0, 1）の場合を金沢（捨男）・朝永が[47]中心に行うこととなった。

しかしいずれの場合にも共通の主役は電磁場であり，ここでは付加条件の消去が問題となる。そのために通常は横波・縦波といった空間的概念を用いるが，これを 4 次元的な，座標軸に依存しないで共変的に行うことが必要となる。この研究には早川・宮本・朝永が取り組んだ[48]。こうして縦波に担当する部分を消去した結果，いわゆる'遅延（またはウィーヘルト）ポテンシャル'が導出されたが，これは宮本の研究経歴における最初の成果だという。またこの方法による電子の自己エネルギーや制動輻射の計算は，早川の，同じく人生初の研究成果であったという。

話題を QED の中身に戻す。単純に考えて，荷電中間子の場合（とくにスピン 0 の場合）の方が電子の場合よりも簡単そうに思えるかもしれないが，実際はまったく逆であり，研究は難

航した．この場合，朝永方程式（4.2）において $H_{\text{int}}(P) = -L_{\text{int}}(P)$ としたのでは，同式の積分可能条件は満たされず，上式右辺にいわゆる'法線依存項'を加えねばならないことが判明する．そのもとを辿れば，$L_{\text{int}}(P)$ の中に場の演算子の時間微分が含まれていたことに由る．ともかくも，こうして難関は突破され，スピン 0, 1/2, 1 の荷電粒子に対する QED の定式化は完了する．なお，中間子論への応用に関しては，とくに形式上の困難はなかった．

さて例によって本節も，2,3 の余話でもって終えたいと思う．

文献 46〜48 に見られるように，朝永の論文の多くは 'A, B and Tomonaga' と連名になっているものが多い．つまり若い協力者 A, B との共著である．しかし A, B, … に相当する門下生だった福田（博）や宮本によると，彼らが苦労して計算した結果を朝永に見せると，たいていの場合，その計算はすでに朝永によってなされており，彼等の仕事は，たんに師の結果を再確認するだけであったとの由．要するにこれが，朝永流の研究者養成法だったのである．

次に早川氏について．彼は後年，宇宙線や原子核さらには宇宙物理学の分野において，P 型（§6 参照）の研究者として，国際的にもその盛名を馳せる．ところが，そのデビュー作，文献 48 は「QED における付加条件の消去について」と題され純粋に F 型の研究なのである．そこで筆者があるとき，"最初の論文はまったく早川さんらしくない仕事ですね"と告げたところ，彼の応答は次のようなものであった："この仕事をやっていて，'アナリティックな問題'（これは彼の用いた言葉）ではとうてい宮本や福田（博）には敵わないことを思い知らされた．そこですぐに現象論に転向したのだった"と．つまりこの最初の段

階で彼は，F型からP型への相転移を決断したのであった。この早期の決断が，彼自身にとっても，あるいは物理学にとっても，まことに幸いであったと筆者は思う。この挿話から得られる教訓は，それゆえ，'自分の適性がどこにあるのかをできるだけ早く見付けること'が，いかに大切であるか'ということになる。

§10 場の反作用
——ハイゼンベルクと朝永

現在ではもう使われなくなったが，筆者の駆け出しの頃，というよりは終戦から1950年代にかけて，'裸の粒子（bare particle）'とか，'着物を着た粒子（clothed particle）'という言葉がよく使われた。例えば1個の電子の場合，電磁相互作用（その他）がまったくないとしたときの状態にある電子を'裸の粒子'とする。しかし実際には，もちろん何よりも電磁相互作用の効果を考慮しなくてはならない。裸の電子はまず仮想的に1個の光子を放出し，その光子はさらに電子・陽電子対に転化し，これら陰・陽電子が光子を放出し，…というわけで，結果的にもとの電子の周囲には，多数の光子や陰・陽電子対から成る'雲'が仮想的に存在することになる。この雲のエネルギーをΔEとすれば，それは$\Delta t \sim \hbar/\Delta E$程度の間しか存在し得ないから，一般には遠方へと拡がってゆくことはない。このまとい付いた雲のことを'着物'に見立て，このような状態の電子のことを'着物を着た電子'と呼んだのである。

この着物はまた電磁場や電子場から成るとも考えられるので，着物を構成する場のことを，電子の'固有場（proper field）'と

か'自己場（self-field）'と呼ぶこともあった。ブロッホ（F. Bloch）とノルドジーク（A. Nordsieck）[49]，パウリとフィールツ（M. Fierz）[50]が論じた電子散乱は，この言葉を使えば，結局，'光子の着物'を着た電子の散乱なのであった。着物または固有場は，もちろんもとの電子と相互作用をする。これがいわゆる'場の反作用'の正体である。こうした描像は，摂動論的に見れば，摂動の高次近似の効果に相当する。したがって着物や固有場の議論には，必然的に発散の困難が関わってくる。中間子論の場合には，核子（陽子・中性子）と中間子の間の相互作用が強く，そのため場の反作用の取り扱いには，摂動論に代る新しい方法が必要となる。

1937年から2年間のライプツィヒ滞在中に，朝永はハイゼンベルクから場の反作用の重要性について散々説き聞かされたことは，すでに前節で述べた。具体的にどのような遣り取りがあったのか，その一端を窺うために，まず朝永の「滞独日記」から，その一部を原文のママ引用してみよう[31]。ただし原文の縦書きを横書きとし，括弧内に筆者註を付した。

　（1938年）十二月十二日，ハイゼンと相談して β（崩壊）の理論をやつてゐる。といふのは湯川の理論ではメソトロン（中間子）の life（寿命）があまりみぢかすぎて実けん値の五百分ノ一にしかならないからだ。そしてやつてゐるが大したことになる気もしない。

　十二月十四日，計算すゝめたら積分が diverge（発散）したおかしい。かういふことをやつてゐるのだ。U（中間子のこと，ここでは仮に電荷を負としておく）が直接に e（電子），ν（ニュートリノ，ただしここは反ニュートリノのは

ず）にこわれずに，U は一度 P（陽子，ただしここは反陽子のはず），N（中性子）を作りそれがさらに e, ν にこわれると考えようといふのだ。ところが intermediate state（中間状態）の P, N の state（状態）がやたらにたくさんあつて，積分が diverge してしまふのである。かういふ種るいの diverge は今まで一度も出てきてゐない。selfenergy（自己エネルギー）的の diverge ならめづらしくないが，どうもおかしい。計算の誤かといろいろ見たが，わからない。

　ひるから散歩に行く。…公円（ママ）をあるいてゐるとニウトロン（中性子）だのニウトリノだの，そんなものどうでもいゝといふ気がしてまた困る。…

　以上，日記を長々と引用したが，それには理由がある。ハイゼンベルクからはしばし逸れるが，ここで一つの事柄を指摘しておく。場の量子論には，自己エネルギーの発散（質量型）とは異なる型の発散が存在することを，この時点で朝永が初めて知った，との事実である。今日の言葉で言えば 1-ループの計算に出てくる発散であり，QED では真空偏極の場合に現れるものと同種である。すなわち，光子の自己エネルギーや荷電型の発散と関係している。話をもとに戻そう。

　日記には，その後十二月十六日の項で，"この発散のことをハイゼンベルクに話そうと思って大学に出掛けたが，（彼が忙しいためか）その機会がなかった" とあるだけで，以後は何ら言及がない。しかしこの件については，後年朝永が伊藤とのインタヴューで次のように語っている[51]。筆者流に脚色してまとめるとこのようになる："はじめ，こういう計算をやろうと思っているとハイゼンベルクに話したところ，'それは面白い問題だ。

ぜひやりなさい'と励ましてくれたのに,後日'こんな発散が出て来て困っています'と彼に告げたところ,'それはそうなるな'と言う。そうだったなら,なぜはじめからそう言ってくれなかったのか",と。

　実を言うと,朝永には新種に見えた発散もハイゼンベルクにとっては,先刻お馴染のものだったのである。1934年ディラックが「空孔理論における電荷分布」——実質的には真空偏極——についての長大かつ難解な論文を書き,ハイゼンベルクもこれに続いた[52]。したがって光子の自己エネルギーや荷電型の発散については,すでに経験済みだったのである。

　ライプツィヒ滞在中には,またこういうこともあった。ハイゼンベルクが"これを読んでみよ"と新しい論文の校正刷[53]を渡してくれたというのである。それによると,中間子論では相互作用が強いので,核子固有場の慣性,ひいてはスピンの慣性能率（モーメント）は大きくなる。そのため核子スピンは揺れ難くなり,結局,中間子散乱の断面積は小さくなる[54]——とこのように"直観的・古典的で粗っぽい議論"なのである。"この論文を読め"と彼が言ったのは,"ここに書いてあることを,もっとちゃんとやってみよ"との彼の意図だったのかもしれない,と述懐している。

　帰国後に提出される中間子の'強・中間結合の方法'[55]や,QEDにおけるくりこみ理論へと発展してゆくための素地は,このようにして,朝永のライプツィヒ時代に形成されていたのではなかろうか。

　本節を終えるにあたって,余話を一つ。先にも述べた「滞独日記」についてである[31]。日によって長短様々であるが,以下にその全般的印象を述べてみたい。

友人の湯川から中間子論の論文が次々と送られてくる。そして彼はすでにソルヴェイ会議にも招かれるような国際的な存在となっている。これに反して自分の研究は，何をやってもうまくゆかない。こんな仕事に何の意味があるのか，等々とあり，全体を流れる通奏低音はまさにペシミズムである。しかし，そういう彼を慰め勇気付けたものがあった。

　まず驚いたのは"イミタチオ・クリスティ"[56]をたびたび読んでいたことである。(1938年) 九月二十九日の項は，長々とした独文の引用から始まっている。また翌年の五月十三日の項には，夜この書を読んで涙が流れたとある。キリスト教の教えに救いを求めざるを得なかったらしいが，その苦衷の程は察するに余りある。

　こうした心境を朝永は家族への便りの中でふと洩らす。すると父三十郎氏（京大哲学教授）がそのことを手紙（1938年10月22日付）[57]で仁科に伝える。仁科は直ちに反応，慰めの手紙（10月24日付）を朝永宛に書く。日記の十一月二十二日の項には，仁科からの手紙が届き，また涙するとある。日記に書かれている仁科の言葉は，いささか長いが以下にその全部を記しておこう。

　　"業績のあがると否とは運です。先が見えない岐路に立っているのが吾々です。右へ行くも左へ行くもただその時の運や気で定まるのです。それが先へ行って大きな差が出来たところで余り気にする必要はないと思います。またそのうちに運が向いて来れば当ることもあるでしょう。小生はいつもそんな気で当てに出来ないことを当てにして日を過しています。ともかく気を長くして健康に留意してせい

ぜい運がやって来るように努力するよりほかありません。"

この手紙を読んで涙し、学校へ行く途中にも、その文句を思い出してまた涙する朝永であった。しかし仁科の予言どおり、湯川よりは大分遅れたが'当った'のである。このように、ライプツィヒ滞在中にはいろいろとあったが、いまから考えると、決して無駄な2年間ではなかったと言える。

§11 自己無撞着的引算法

表題に突如厳めしい言葉を掲げたが、これについては後ほど説明する。すでに述べたように、朝永ゼミでは超多時間理論の具体化の作業が着々と進行していたが、さらにこれと並行して場の反作用についての基本的論文の輪講も始まっていた。採り上げられた論文は、伊藤の記録によれば[58]、輪講順に以下のようであった（括弧内は報告者）：

（i）ブラウンベク-ワインマン（田地）[59],

（ii）ブロッホ-ノルドジーク（佐々木）[49],

（iii）パウリ-フィールツ（宮本）[50],

（iv）ハイトラー、ウイルソン（宮島）[60],

（v）ベーテ-オッペンハイマー（朝永）[61],

（vi）ダンコフ（朝永）[44]。

論文（i）〜（iii）および（vi）は'着物を着た'一個の電子の外場による散乱を論じたもので、前者の着物は光子のみから成るが、後者では電子場が電子化されており、陰・陽電子対の効果も入ってくる。これらの論文から少なくとも、次のことが判明する。発散は自己エネルギーだけでなく散乱過程でも現れる

が，それには2種類がある：実または仮想的光子の運動量を $\boldsymbol{k}$ とするとき，$|\boldsymbol{k}| \to \infty$ で現れる'紫外発散'と，$|\boldsymbol{k}| \to 0$ で現れる'赤外発散'とである。論文（iv）はハイトラーの減衰理論に関するもの。後ほどの議論と関係があるので，その特質について一言しておこう。状態 $A, B, C, \cdots$ を等エネルギーで互いに転移可能な状態とする。このとき，転移 $A \to B$ に対する確率振幅 U_{AB} は，最低近似の摂動表式 H'_{AB} を基礎にするが，同時に $A, B, C, \cdots$ 相互間の転移可能性をも考慮して決定しようというもの。ここではしたがって，仮想光子の放出・再吸収などは一切無視される。§2で述べた輻射減衰力（2.2）は，減衰現象の一例である。確かにこの理論は，摂動の高次の項を含むが発散は含まず，一見よい理論かとの印象を与える。しかし，エネルギー準位の幅は説明できるが，その'ずれ'の説明には無力である。さらに致命的な欠陥のあることも間もなく判明する。

　論文（v）は同（iv）に対する痛烈な批判である。論文（i）～（iii）から分っていたことは，運動量 $\boldsymbol{k} \approx 0$ の光子の放出確率に現れる'赤外発散'は，同じく $\boldsymbol{k} \approx 0$ の光子の放出・吸収の仮想過程に現れる赤外発散と打ち消し合うということであった。しかし論文（iv）の方法では後者の仮想過程をまったく無視するため，折角片付いていた赤外発散が再び顔を出してしまう——と，このような批判であった。こうして，紫外発散の処理法として，一時は有望に見えた減衰理論は姿を消すこととなる。なお論文（vi）は相対論的計算においても，2次近似で，紫外発散が存在することを確認している。

　上記のような論文の輪講中，論文（iii）の辺りで朝永は，電子の自己エネルギーに現れる発散が，弾性散乱に現れる発散と同型のものであることに気付いたという——質量へのくりこみの

アイディアの萌芽である。実際，伊藤は，論文系列（i）〜（vi）の選択が，あたかもくりこみ理論という目標を明確に意識し，それに向けての最短距離を行くかのようであった，と述懐している[58]。このような朝永の先見は，中間子論における場の反作用についての豊かな経験[55]に発するものではなかったか，と思われる。なお一連の研究の詳細については朝永・木庭による見事な解説があるので参照されたい[62]。

さらに伊藤の年表によれば[58]，くりこみの構想についての最初の発表は，1947 年 11 月 24-25 日の物理学会（京大での第 2 回素粒子論分科会）において[63]，田地・朝永の連名で行われたという。その内容は，おそらく以下のようなものだったかと想像される。

例として電子に対する QED，すなわち電子場 $\psi(x)$ と電磁場 $A_\mu(x)$（$\mu = 1, 2, 3, 4$）が相互作用している系を考えよう。系の自由ハミルトニアン（密度）を $H_0(m_0)$，相互作用ハミルトニアン（密度）を $H_{\mathrm{int}}(e_0)$ と書く。ここで m_0, e_0 は，それぞれ $H_{\mathrm{int}} = 0$ の場合に電子がもつであろう質量および荷電とする。このとき，$H_0(m_0)$ 中に含まれている電子の質量項は $m_0 \bar{\psi}(x) \psi(x)$ であり，また $H_{\mathrm{int}}(e_0) \equiv -ie_0 \bar{\psi}(x) \gamma_\mu \psi(x) A_\mu(x)$ と書かれる。しかし実際の電子は相互作用をしているため，付加的な電磁的質量 δm が現れ，電子の見掛けの質量は $m = m_0 + \delta m$ となるであろう。そこで $\delta m \bar{\psi}(x) \psi(x)$ を H_0 中に入れて $H_0(m)$ と書き，代わりに H_{int} よりこの項を差し引いておくことにする。すなわち新しい相互作用ハミルトニアンは

$$H'_{\mathrm{int}}(e_0) \equiv H_{\mathrm{int}}(e_0) - \delta m \bar{\psi}(x) \psi(x) \tag{11.1}$$

となる。摂動計算は，以後，H'_{int} に対して行うこととし，質量型の発散項が出て来たら，それを (11.1) の第 2 項でもって，打

ち消すように δm を決定する。つまり結果的には，質量型の発散項はすべて引き去ってしまうこととなる。これがいわゆる‛質量のくりこみ’であり，計算終了後 m に対して実験値を代入すれば，質量型の発散は理論の表面からは姿を消す。

この処法は，ハートリー（D. R. Hartree）が原子の波動関数を求める際に提案した‛self-consistent' field の方法[64]に類似しているので，最初，‛self-consistent（な）引算法’と呼ばれていた（例えば文献 62 の第一論文）。しかし後には‛くりこみ’理論と言い換えられる（例えば文献 62 の第二論文）。

朝永らは，しかしながら，日本語の論文でも，本節表題のような厳めしい表現は用いなかったようである。これに反し名古屋の研究室では，確かに‛自己無撞着的引算法’なる言葉が通用していた。もしそうだとすると，この語は朝永製ではなくて，厳めしい表現が得意だった河辺（河邊六男）製の名古屋弁に過ぎなかったのかもしれない。因みに英文で書かれた最初の論文[65]では‛self-consistent subtraction method'となっている。

‛くりこみ’という言葉が何時生れたかについては審らかとしないが，それが朝永製であることは確かであろう[66]。数学的処法の内容をズバリと言い当てて妙である。対応する英語は‛renormalization'であるが，これを‛再度規格化'と訳すならば，他の場合にも使用可能な一般用語となり，‛そのものズバリ'感を欠くように思われる。

因みに朝永は，漢字ばかりの厳めしい物理用語を，仮名混じりの易しい言葉に言い換える点でも名人であった。その最たるものは，量子力学の‛重畳原理’を‛重ね合わせの原理’としたことであろう。その特技は名詞ばかりではなく動詞の場合にも発揮された。われわれなら‛観測装置を設置して’と書くとこ

朝永ゼミ風景

ろを，朝永では'観測装置をしつらえて'となる。無味乾燥な物理の論文もこうして潤いのあるものと化し，読者をほっとさせるのであった。いささか脱線が過ぎたが，本題に戻る。

QED に現れるもう一種の発散に'真空偏極型'あるいは'荷電型'がある。1光子が仮想的に陰陽電子対に転化し，もとに戻る，いわゆる1-ループの過程で現れる。この場合にも，発散量 δe を e_0 にくりこんで $e = e_0 + \delta e$ とすることが期待される。もしそうならば，任意の物理量 F の計算式は，図式的に書いて

$$F = F(m_0, \delta m ; e_0, \delta e) = F(m, 0 ; e, 0) \qquad (11.2)$$

となり，e, m に実験値を代入すれば，F に対して有限値が得られる筈である。しかし事態はそう簡単ではなかった。

QED における 1-ループの計算には，さらなる発散，すなわち光子の自己エネルギー（あるいは光子質量）に相当する項が含まれていたからである。このような項がもし存在すると——

たとえ有限値であっても —— QED のゲージ不変性を損ねるという重大事態を招くことになる。ところでこの項の計算には（摂動の2次で），δ関数や各種の不変デルタ関数 ($\Delta, \Delta^{(1)}, \bar{\Delta}$) およびその時空微分が積の形で現れ，数学的には不定の表式となってしまう[67]。この不定性をどう処理するのかの大問題が，くりこみ理論の成立を阻んでいたのであった。これについては後に論じる。

　本節を終える前に'くりこみ'余話を一つ。1965年10月，朝永ノーベル賞の発表のあった翌日（10月22日）朝のこと —— 各新聞が受賞をトップ記事で扱っていた。で，その朝朝永が大学に現れると，研究室を掃除する小使い室のオバサン（当時の官立大学では，掃除はこういうオバサンが担当していた）曰く："お早うございます。そしてほんとうにおめでとうございます。先生がそんなに偉いお方とはちっとも知りませんで，大へん失礼いたしました。なんでも'くみとり'理論とかの研究をやっていらっしゃるそうで" と —— もっとも'くみとり'などとは，当今の方々には耳慣れない言葉かもしれないが。それはともあれ，朝永用語はオバサンも取り違える程に平易だったということである。なお以上がフィクションかノンフィクションかについては，多少の疑問が残るところであるが，とにかくこれは筆者が直接朝永（あるいは宮島だったか）から聞いた話なのである —— ただしオバサン発言には多少の脚色を施してあるが。

---

35 — 山口嘉夫氏より直接聞いた。朝永ゼミには，最初，なぜ3人のみが出席したのか，その理由がよく分った。ただし早川幸男『素粒子論研究』**48**,

no. 3（1973）p. 293 によると，最初は 3 名の他に福田（博）と瀬戸（正一）も居たが，間もなく前者は応召，後者は出席しなくなり，実質的に 3 名が中心メンバーだったという。

36―『回想の朝永振一郎』松井巻之助編，みすず書房（1980）。本書中の伊藤大介氏の稿"くりこみの史蹟" p. 223 に研究所の絵入りの解説がある。

37―H. Umezawa, Y. Takahashi and S. Kamefuchi, *Prog. Theor. Phys.* **6**（1951）p. 426, 428; Phys. Rev. **85**（1952）p. 505.

38―C. F. v. Weizsäcker, *Zeits. f. Phys.* **88**（1934）p. 612; E. J. Williams, *Kgl. Dansk. Vid. Selsk.* **13**（1935）no. 4. 散乱の際に放出される輻射は散乱前後の固有場の差だとする説。

39―H. Lehmann, K. Symanzik und W. Zimmermann, *Nuovo Cimento.* **1**（1955）p. 205. 場のハイゼンベルク演算子に基づく散乱理論の一般形式。

40―文献 36, p. 217 参照。

41―文献 36, p. 232 参照。

42―亀淵迪,『朝永振一郎著作集』別巻 3, 月報, みすず書房（1985）。

43―『朝永振一郎著作集 10』, みすず書房（1983）に原文および英訳が収められている。

44―S. M. Dancoff, *Phys. Rev.* **55**（1939）p. 959.

45―早川幸男,『朝永振一郎著作集』第 9 巻, 月報, みすず書房（1982）。

46―Z. Koba, T. Tati and S. Tomonaga, *Prog. Theor. Phys.* **2**（1947）p. 101, 198.

47―S. Kanesawa and S. Tomonaga, *Prog. Theor. Phys.* **3**（1948）p. 1.

48―S. Hayakawa, Y. Miyamoto and S. Tomonaga, *J. Phys. Soc. Japan*, **2-6**（1947）p. 172, 199.

49―F. Bloch and A. Nordsieck, *Phys. Rev.* **52**（1937）p. 54.

50―W. Pauli und M. Fierz, *Nuovo Cimento.* **15**（1938）p. 167.

51―伊藤大介,『自然』中央公論社, 1979 年 10 月号。

52―P. A. M. Dirac, *Proc. Camb. Phil. Soc.* **30**（1934）p. 150. W. Heisenberg, *Zeits. f. Phys.* **90**（1934）p. 209. さらに W. H. Furry and J. R. Oppenheimer, *Phys. Rev.* **45**（1934）p. 245.

53―W. Heisenberg, *Zeits. f. Phys.* **113**（1939）p. 61.

54―中間子波が入射してくると，核スピンが揺すられる。その結果として，中間子波が放出され，散乱波となる。この過程が核子による'中間子散乱の古典的描像'である。

55―S. Tomonaga, *Sci. Papers Inst. Phys.-Chem. Res.* **39**（1941）p. 247. T. Miyazima and S. Tomonaga, ibid. **40**（1942）p. 21.

56―中世の修道士 Thomas à Kempis（1380-1471）の著した修養書。岩波文庫あり：トマス・ア・ケンピス『キリストにならひて』大沢章・呉茂一訳（1960）。

57―この手紙は『仁科芳雄往復書簡集』（前出）第Ⅱ巻 p. 751 に書簡番号 774 として所収。問題の仁科から朝永への手紙は残されて居らず、「滞独日記」から推測する他はない。なお、この手紙に対する朝永からの礼状（12 月 14 日付）は同書 p. 767 に書簡番号 794 として所収。

58―『追想朝永振一郎』伊藤大介編, 自然選書（中央公論社, 1981）中の伊藤の稿, p. 7。なお本稿には日米の研究状況を対比させた年表があり（pp. 39-43), 貴重な史料となっている。

59―W. Braunbek und E. Weinmann, *Zeits. f. Phys.* **110**（1938）p. 360.

60―W. Heitler, *Proc. Camb. Phil. Soc.* **37**（1941）p. 291, A. H. Wilson, ibid. p. 301.

61―H. A. Bethe and J. R. Oppenheimer, *Phys. Rev.* **70**（1946）p. 451.

62―『物理学の方向』湯川秀樹ほか著, 三一書房（1949）の中の朝永・木庭の稿 p. 111；朝永振一郎, 『科学』**19**（1949）p. 2。因みに前者は "Scientific papers of Tomonaga", vol. 2, ed. T. Miyazima, Misuzu Shobo（1976）p. 368 に, 後者は『素粒子論の研究Ⅱ』素粒子論研究会編, 岩波書店（1950）p. 1 に所収。

63―ただし『年表』（第二版）日本物理学会物理学史資料委員会編（2014）には, この学会についての記載はない。

64―D. R. Hartree, *Proc. Camb. Phil. Soc.* **24**（1928）p. 89, 111.

65―Z. Koba and S. Tomonaga, *Prog, Theor. Phys.* **2**（1947）p. 218.

66―'くりこみ' とか 'くりこむ' という言葉は比較的早くから日常の議論で使われていたと思われるが, 'くりこみの方法（理論）' が術語として明確に述べられたのは文献 62 の第 2 論文が最初ではないか, とは江沢（洋）説である。また氏によれば 'self-consistent' を '自己無撞着的' と訳することは, すでに文献 64 の時点で定着していたとの由。

67―例えば宮島龍興, 『素粒子論研究』, **0**, No. 4（1949）p. 110；『素粒子論の研究Ⅱ』素粒子論研究会編, 岩波書店（1950）p. 59。

第3章

東京・名古屋・シェルター島

§12 終戦前後の坂田研究室

　ここでしばらく朝永グループを離れ，名古屋の坂田グループの情況をも一瞥しておきたい。空襲による被災は坂田においても同様であった。終戦の1945年に入ると名古屋も空襲を受け始める。1月3日には焼夷弾が彼の自宅の台所に命中するが，何とかそれを弾き出し火災は免れる。しかし危険を感じ家族を兵庫県御影の旧居に疎開させる（以後，山梨県，長野県へと転々）。ところが3月12日の空襲では，遂に自宅を焼失する。大学も同様に被害を受け，物理教室の理論関係2研究室が，長野県諏訪郡富士見村（当時）の富士見国民学校へ疎開することとなる。坂田教授の素粒子論研究室と有山（兼孝）教授の物性論研究室である。因みにこれらの研究室は，戦後，それぞれ 'E研'，'S研' と呼ばれるようになる：前者と同様に後者も Supraleitung（超伝導）の頭文字を取って，である。

　昔の国民（すなわち小）学校には，'裁縫室' と呼ばれる一室があり，（高等科の）女子生徒はここで裁縫を教わった。畳敷き

であり，'裁縫台'と称する細長い机が幾つか並べてあった。これは畳に座して読み書きするにはかっこうのものだったと思う。その裁縫室へ，おそらく10名前後の若手研究者が入り込んで起居をともにし，小黒板を持ち込めば教室ともなった。近くの民家に寄寓した坂田教授らは，適時ここにやって来て議義や指導を行った。まさに昔の寺子屋同然の趣ではなかったか。大学の教室での形式的な教育よりも，むしろ実が上がったことであろう。実際，当時まだ後期学生だった原は，このときの坂田教授による一対一の手ほどきのことを，後年懐かしげに語り聞かせるのであった[68]。

現在の常識からは思いもよらぬことがもう一つある。両研究室付の若い女性秘書2人も，皆と行動をともにしたというのである（もっとも，もし名古屋に留まったら，より危険な所に徴用されたかもしれないが）。彼女らは学校近くに一室を借りて住みこみ，研究室事務をこなす傍ら，研究者たちの賄い方をもやってのけたらしい。食糧の買い出しという仕事もあったはずである。まさしく縁の下の力もち的な存在だったと言えよう。

いささか脱線するが，戦時中の食糧の買い出しについては，筆者にも苦しい体験がある。終戦の年，筆者らは（旧制）第四高等学校（所在地：金沢）の2年生であり，理科甲類の20名が東京から金沢へ疎開してきた理研仁科研究室の'宇宙線実験室'に勤労動員として派遣されていた。しかし福井・富山が空襲され，次は金沢だろうということで，郊外の湯涌温泉へと再疎開した。実験室本部は温泉旅館に置かれたが，筆者らは近くの村の農家に分宿した。食事は自分たちで準備しなくてはならず，朝食の時点で，その日の夕食の材料が皆無ということもたびたびであり，手分けして買い出しに出掛けなくてはならな

った．理研側がわれわれの食事について，少しは配慮してくれてもよかったのに，と今なら思うのだが，当時はそんなことは少しも考えず，ただ黙々と再疎開の荷物を荷車で運んでいた――筆者らの'戦時'とはこういうものであった．閑話休題．

さて終戦となっても，坂田らはなお富士見に留まらざるを得なかった．名古屋に帰っても住む場所もなく，大学の再開など思いも及ばぬことであった．しかしそれは，以後の研究をいかに進めるべきかについて熟考に熟考を重ねるためには，よい機会だったのかもしれない．そこで坂田は，11月17日，すでに§2でも触れたように東京から親友武谷を招き，2人で論じ合う．その結論が§2で引用した坂田の言葉となる．すなわち，実験との比較が肝要な中間子論よりも，もっとアカデミックな，場の量子論における発散の困難について研究すべきであろう，ということになる．そしてその結果が次節で述べる坂田・原の'C-中間子論'である[4]．この，当初はアカデミックに見えた研究が，次節で見るように，陽子・中性子の質量差というリアリスティックな問題につながってゆく――これをこそ理論研究の醍醐味と言うのであろう．

さらに富士見での武谷は，数日滞在したらしく，独自の方法論や技術論などについても熱弁を振るったらしい．これには坂田はもとより，傍らに居た谷川（当時は名大臨時講師）にも深い感銘を与えたらしい[69]．一方，坂田はこの間，バナール（J. D. Bernal）の"The Social Function of Science"に読みふける[70]．そしてこれが，戦後の研究体制民主化への素地となったとされている．

§13 坂田・原の C-中間子論

すでに §2 でも述べたように，古典電磁気学においても電子の電磁気的な静的エネルギーが発散し，これを除去するために，種々の試みがなされていた。中でも坂田が着目したのはミー（G. Mie）・ボルン（M. Born）・ボップ（F. Bopp）の研究系列である。先ずミーであるが[71]，荷電球としての電子の近傍や内部では場の方程式が非線形になるように変更し，その安定性の問題を調べた。と同時に'場一元論'，すなわち電子（粒子）を場の特殊状態として，場より構成しようとする考えもあったようである。しかし物理的結果がゲージ不変とならないことが判明し，あえなく没となる。これを受けボルンやインフェルト（L. Infeld）[72]は，ラグランジアンを——電磁ポテンシャル A_μ は含まず電・磁場 $F_{\mu\nu}$ のみから成る—— $L = L(F_{\mu\nu})$ とし，$F_{\mu\nu}$ について高次の項を含む場合を考察した。ここでも場の方程式は非線型となる。1 電子に対する静的な解が求められ，場一元論は成功したが，多電子系への拡張などはほとんど不可能であった。

これに対しボップ[73]は $L = L(F_{\mu\nu}, A_\mu)$ において，A_μ に対しては高階微分を含むが，場の方程式は線型になるような場合を考えた。周知のように，このような理論は——ハミルトン形式で書くときに明白となるが——余分な自由度を含んでくる。実際，原は量子化されたボップ場に対して正準変換を施すことにより，この場が通常の電磁場の他に，負ノルムで質量をもったベクトル場をも含むことを見出した[4]。換言すれば，ボップ場は一種の'混合場'（mixed field）だったことになる。この証明の見事さに，物理では一年先輩の，東大の秀才木庭がいたく感心した，という話を筆者は梅沢から聞いている。

このような混合場の概念が初めて場の理論に ―― 意識的に ―― 導入されたのは，核力の研究においてであった。湯川中間子がベクトル場によるとすると，核力ポテンシャルが $1/r^3|_{r\to 0}$ 型の特異性をもつが，これを避けるために 1940 年メラー（C. Møller）とローゼンフェルト（L. Resenfeld）は[74]，湯川場がベクトル場と擬スカラー場の'混合'（ただし両者ともに正ノルム）だと仮定したのであった。

　これにならい坂田と原は，電子に対する QED においては，電子が電磁場とともに，質量をもった中性スカラー場とも相互作用していると仮定した[4]。この場合，新しい場が電子場とスカラー結合（湯川結合）しているとし，その結合定数を f と書くとき

$$f^2 = 2e^2 \qquad (13.1)$$

であれば，電子の自己エネルギーは摂動の 2 次で有限になることを見出したのである。形式的に言えば，この方法は毒（発散項）をもって毒を制する，いわば'相殺の方法'である。他方，物理的に見れば，発散に導く電子内荷電間のクーロン反撥力を打ち消すために，一種の'凝集力'（cohesive force）を導入したことになっている。そこで彼らはこのスカラー場のことを'C-中間子場'と名付けた。

　因みに，この種の凝集力導入についての歴史は古い。その嚆矢は 1905 年のポアンカレ（H. Poincaré）によるとされている[75]。下って 1939 年にはステュッケルベルク（E. C. G. Stueckelberg）が[76]，またわが国では 1940 年に井上（健）と高木（修二）が[77]，$1/r|_{r\to 0}$ の特異性を消すためには，中性スカラー場が有効であることを示唆している。ただしこれらの著者は，たんに古典的または静的な場合を論じているため，結合定数に対する条

件は $e = f$ となっている。他方，坂田・原と同様な場の量子論的考察は，同じ頃独立にパイス（A. Pais）によってもなされている[78]。

電子に対する上記の結果は，同じくスピン 1/2 をもった陽子に対してもそのまま適用できる。陽子の質量のうち，その電磁的寄与が負の有限値として求められるので，これを中性子・陽子間の質量差と同定してもよかろうというわけである。いま陽子・C-中間子・電子の質量を，それぞれ M, m_c, m とし，$M > m_c > m$ を仮定するとき，$m_c \approx 200\,m$ ならば，件の質量差は実験値に一致するという。原はさらに，同じ考え方が荷電中間子（スピン：0, 1）の場合にも妥当することを示している。

これを要するに，当初アカデミックな研究として始まったC-中間子論が，実験データと直接比較可能な結果を導出し得たことになる。本来は真正のリアリストである坂田にとって，かくも喜ばしいことはなかったのでは，と想像される。さらにこの理論が，後述するように，くりこみ理論と競合するに至っては，喜びはまた一入(ひとしお)だったのではなかろうか。

§14 C-中間子論批判

前節では，C-中間子論の成功面について述べた。しかし徐々に幾つかの問題点もまた浮上してくる。その説明に入る前に，取りあえず，C-中間子についての坂田の基本的な哲学について整理しておこう。例えば電子に対する QED を論ずる場合でも，電子と電磁場だけでなく，これらと相互作用する，他のすべての場のことを考慮に入れる必要がある。そうでなくては '閉じた（closed）' 理論体系とはなり得ないから——とこのように彼

は主張した。因みに当時の研究事情について一言すれば，QED の専門家は QED だけを，中間子論の専門家は中間子論だけを研究する傾向があり，研究会なども，それぞれが別個に開いていた。また'閉じた理論'という言葉もよく使われていた——論理的な完結性の謂(いい)であろうか。QED でも C-中間子の存在を考慮することが，閉じた理論への第一歩だったわけである。本題に入ろう。

坂田 QED では，電子と光子に C-中間子が加わってくる。それが閉じた理論であると主張するのであれば，問題は包括的に捉えられねばならない。自己エネルギーについて言えば，電子の他に光子や C-中間子の場合をも考察する必要がある。まず光子の自己エネルギーであるが，これは先述のように[6,7]，数学的には不定性を含み，物理的にはゲージ不変性や荷電型くりこみに関わる大問題であり，C-中間子論の処理可能範囲を遥かに超える。そこで坂田らは，別に'混合場の方法'を提案するのであるが，これについては節を改めて考察する。

では C-中間子自身の自己エネルギーはどうなるか。この問題を最初に提起したのは，原よりも 2 年遅れて E 研に入った梅沢であった。再び相殺の方法でもって処理するために，彼は次のような模型を考えた：まったく同一の性質をもった C-中間子が 2 種類あるとし，これらを C_1, C_2 で表わす。C_1, C_2 の電子場との結合定数 f_1, f_2 は $f_1 = f_2 = e$ とする。このとき C_1, C_2 間に適当な相互作用を仮定するとき，それぞれの自己エネルギーは有限となる，というのである[7,9]。この模型について坂田は"非常に面白い。是非発表なさい"と勧めたのだが，梅沢は"余りにも人工的過ぎるので"と応じ，発表はしなかった。というのも，'一つのことを説明するのに，さらに新たな仮説を一つも

ち込むのは，余り賢いやり方ではない'こと。そしてさらに
'C-中間子もニュートリノ（実証は 1953〜56 年）も，ともに理
論的な仮説だが，後者は実在するだろうが，前者はそうではな
かろう'との梅沢の持論，この二つの理由からではなかったか，
と筆者は推測する。

上記とはまったく別の観点からの，木下の批判もある。彼は
電子の自己エネルギーを摂動の 4 次まで計算したが，4 次の項
の発散部分が，条件（13.1）の下では消失しないことを見出し
た[80]。ただし，この条件が'(e, f についての 4 次の多項式）= 0'
の形に一般化できるか否かについての言及はなかった，と理解
している。

これを要するに，C-中間子論は QED における質量型の発散
を処理する上で部分的に有効だったに過ぎず，それ以上のもの
ではなかった。QED には，さらに別種（荷電型）の発散があり，
これに対してはまったく無力であった。にも拘らず坂田は，理
論のさらなる追求を梅沢に求めたという —— この点ではいささ
か'ピグマリオン症'[81]的ではなかったか。

§15 E 研における梅沢博臣

梅沢（1924-1995）が E 研に関わりをもった期間は 1946〜
1953 年である。名大工学部後期学生の頃から E 研に出入りを
始め，翌年卒業と同時に副手，そして間もなく助手となり，助
教授だった 1953 年秋に渡英するまでの約 7 年である。この間，
真空偏極の研究によって坂田の'混合場の方法'の有効性を示
し，その後も活発に研究を続け，E 研内に場の理論研究の素地
を作った。そしてこれが後に高橋（康）の'ウォード-高橋の恒

等式'，大貫（義郎）の'$U(3)$対称性'，ひいては小林（誠）・益川（敏英）のノーベル賞の仕事を生み出す遠因となったのでは，と筆者は考えている。

しかしこの梅沢の貢献は，今日，E研関係者の間ですら，余り評価されていないように見える。先年開かれた「E研の歴史」研究会'（2013年3月）でも彼についての言及はわずかであった[82]。察するにその理由は，「E研」の歴史というと，どうしても坂田中心の——§6の用語を使えば——P型の研究が中心となり，F型の研究は傍に押しやられてしまうからであろう。こうした事情もあるので，本節および次節では，しばし，梅沢およびその業績について想起してみたいと思う[83]。

札幌生れ，（旧制）武蔵高校理科乙類に入学——"甲類に応募した積りだったが，医者だった親爺が変えてしまったらしい"とか（一般に医学志望の人は乙類を選んだ）。すでに物理志望を決めており，在学中から物理の古典を原書で読破する——ホイテカー（E. T. Whittaker）の"Analytical Dynamics"，トールマン（R. C. Tolman）の"Statistical Mechanics"，プランク（M. Planck）の教科書群，等々。3年生のときに読んだ『ボルン原子力学』（土井不曇訳，岩波書店，1936）にはとくに深い感銘を受けたとか。臨時講師をしていた武谷をここで初めて知る——講義が下手，というよりはたいてい自習だったとか。

大学進学は東大物理を志望，当時の入試は書類選考だけで，武蔵高校理乙のトップ・クラスなら問題なしとの実績があり，悠々と構えていたが不合格となってしまう。慌ててまだ応募が間に合うところを探すと名大工学部があり，そこの電気工学科に入学することとなる。幸いここでの指導教官が大変理解のある人で，"物理志望なら，その方の勉強を進めるように"と便宜

をはかってくれた。そこで学年も後期になった頃からE研を訪(と)うようになる。

'名古屋に坂田あり'ということは，すでに武蔵高時代に武谷や同級生の町田（茂）らから聞いていた。そこでまず坂田に面会する。"武谷先生に教わった者ですと自己紹介をしたと思うが，彼からの紹介状をもっていたかどうかは覚えていない"と後年梅沢は語っている。"それなら毎週やっている'E研コロキュウム'に出てみなさい"が坂田の応答だったとか――因みにE研の公式行事としてはこの他に'速報'（新文献の紹介）もあった。とにかくこのようにして，以後E研内では，物理学科の後期学生同然の処遇を受けることになる。

当時の出来事の中で強く印象に残っている，と彼の称する事柄を，二，三以下に紹介しておこう。その一，初めてE研の若者たち――そこには後に研究協力者となる山田（英二）も居た――と物理の議論をしていたとき，"それはノイマン（J. von Neumann）の教科書（『量子力学の数学的基礎』）に書いてある方法を使えば簡単"と梅沢が言ったところ，他の連中は'工学部の学生なのに，そんな本まで読んでいるのか'と思ったのか，キョトンとしていたという。このことは彼にとっても，'物理学科の学生といっても，この程度のものか'と分り，いささか自信を深めたらしい。

その二，あるとき，坂田からフェルミ（E. Fermi）の論文の'速報'を依頼された。物質中での中間子の振舞いについてのものだったらしいが，おそらく'47年に発表された2論文ではなかったか[84]。ザイツ（F. Seitz）の"Modern Theory of Solids"を読んでいたので，そう難しくはなく，延々3時間にも及ぶ長広舌を披露した。これが坂田に好印象を与えたのか，数日後に，

坂田昌一（右）と武谷三男（1951年4月）

"この問題を調べてみてくれないか"と、ディラックとハイゼンベルクによる真空偏極についての2論文[52]が渡された、という。次節で述べるように、それについての研究が梅沢の出世作となる。坂田が梅沢に与えた研究テーマとしては、これが最初にして最後のものとなった。

その三、あるときの速報で坂田自らがベーテ-オッペンハイマーの論文[61]の文献紹介を行った。すでに述べたように（§11）、これは朝永ゼミも重要視し、朝永自らが紹介した論文である。通常、新文献の紹介というと、原著者の議論展開の順序のままに、それを辿って説明するのだが、坂田においては違っていた。論文内容を完全に把握し、原著者の説明順序には拘泥せず、そこにある物理を自らの論理で再構成して見せた、というのであ

る。論文の内容よりも，その解説の見事さに梅沢は深い感銘を受けた。坂田の偉さについては世間で喧伝されているものの，自らの直接体験でもって，そのことを実感した——と梅沢は，後年，感慨深げに語るのであった。

　このように，理想的な場所で自らの研究経歴を発足させることができたのは，梅沢にとってこの上ない幸運だったと言えるであろう。将来の東大教授が東大入試に失敗したことが，この幸運をもたらしたのである。

§16　混合場の方法の拡張
——真空偏極の研究

　電子に対する QED では，電子場と電磁場とが相互作用をしている。この場合，系の真空状態といっても，決して空っぽではなく，まず2種の場が零点振動をしている。さらに仮想的な光子や陰・陽電子対が複雑に絡み合っており，これら3種の粒子が無限個存在するような状態すら含まれているであろう。このような状態に外部から電磁場あるいは電流を作用させると，ちょうど誘電体におけるように，偏極現象が誘起される。この効果のことを'真空偏極'と呼んでいる。別言すれば，これは真空に対する場の反作用の結果であり，必然的に発散の困難が関わってくる。

　坂田が与えたディラックやハイゼンベルクの2論文とは異なる仕方で，梅沢はこの問題に取り組む。湯川（二郎，武蔵高では同期）や山田の協力を得て，直接光子の自己エネルギー（真空偏極の表式でもっとも強い発散項）を摂動の2次近似で計算する。先にも述べたように（§11），これは，光円錐上で特異性

をもつ不変デルタ関数（またはその時空微分）の積を含み，数学的には不定な表式となる。とにかく難物であり，朝永グループも悪戦苦闘した問題に他ならない。

そこで梅沢は，この不定性を回避するための，独自の方策を採る。2次の摂動計算における中間状態には，電子・陽電子の一対が現れるが，光子は他の荷電粒子とも相互作用しているはずであり，それらから来る効果をも併せて考慮することにした──これはまさしく混合場の考え方に沿った方法に他ならない。

自然界には，スピン$s(=0,1/2,1)$の荷電粒子（または場）が$N^{(s)}$種存在し，その質量を$m_i^{(s)}(i=1,2,\cdots,N^{(s)})$と書くとしよう。このとき，もし次の条件

$$N^{(0)}-2N^{(1/2)}+3N^{(1)}=0,$$
$$\sum_{i=1}^{N^{(0)}}(m_i^{(0)})^2-2\sum_{i=1}^{N^{(1/2)}}(m_i^{(1/2)})^2+3\sum_{i=1}^{N^{(1)}}(m_i^{(1)})^2=0 \quad (16.1)$$

が満たされるならば，'光子の自己エネルギー（または光子質量）は，不定性とは関係なく，0となる'ことを見出したのである[85]。上式で3項の係数が1, 2, 3となっているのはスピン自由度に対応し，また第2項の符号が負となるのは，場の零点振動のエネルギーが負であることに起因する。

上記の結果は，坂田の混合場の方法が，光子の自己エネルギーの問題では完璧に機能していることを示している。あるいは，この問題こそは，彼の方法の最良の適用例になっていた，と言ってもよいであろう。それゆえ，この結果には坂田も大いに喜んだはずである。事実，喜んだのは彼だけでなく，かのヴォルフガング パウリも同様であった。

実を言うと，その頃パウリもまた同じ問題に取り組んでいたのである[86]。件の不定性は，光円錐上で特異性をもつ関数に起

因するので，それらを正則化する数学的処法（regulator）を考案した．例えば，質量 m の場に対する不変デルタ関数を $\mathit{\Delta}(m)$ $\equiv \mathit{\Delta}(m), \mathit{\Delta}^{(1)}(m)$ とし，その正則化された関数 $\mathit{\Delta}_R$ が次式で与えられるとする：

$$\mathit{\Delta}_R = \sum_i c_i \mathit{\Delta}(M_i). \qquad (16.2)$$

ここに $M_i\,(i=0,1,2,\cdots)$ は補助的に導入された質量であり，係数 $c_i\,(i=0,1,2,\cdots)$ は次の条件を満たすとする：

$$\sum_i c_i = 0, \qquad \sum_i c_i M_i^2 = 0. \qquad (16.3)$$

ただし，$M_0 = m, c_0 = 1$ とし，$M_i\,(i \geqq 1)$ は計算終了後に $M_i \to \infty$ とする——といった処法である．

一見して明らかなように，条件 (16.1) と (16.3) は同型である．あるいは前者は後者の特殊ケースだとも言える．すなわち梅沢らが成功したのは，数学的に言えば正則化を行っていたからに他ならない．しかしながら，両者はまったく異なった観点から導出されたものであり，パウリは梅沢らの観点を 'realistic'，自らを 'formalistic' であるとした（坂田もこの用語が気に入ったようである）．

パウリはそこで早速朝永に手紙を書く（1949 年 5 月 3 日付）[87]．そこでは近く出版される自らの regulator の考え方を説明した後，これとの関連で，梅沢らの仕事は大変興味深いと賛辞を呈している．この手紙のことは直ちに坂田に伝えられ，E 研コロキュウムの席で坂田が，"梅沢君たちの仕事がパウリに褒められた"といかにも嬉しそうに報告したのを覚えている．このようにして梅沢の名は世界に知られるようになる．

真空偏極の計算には，しかしながら，さらなる発散項が存在する：いわゆる荷電型の発散である．これを見るためには，真

空に電流 $j_\mu(x)$ を作用させたときに誘起される電流 $\delta j_\mu(x)$ を求めればよい。これに対して梅沢と河辺は，スピン 0, 1/2, 1 の荷電場による $\delta j_\mu(x)$ が摂動の 2 次近似では，同一の公式にまとめられることを見出した[88]。

この公式から直ちに，荷電くりこみの大きさ δe はすべて同一符号をもち，それは負であることが結論される。換言すれば，上記 3 種の荷電場をどのように混合しても，荷電型の発散を互いに相殺させることは不可能，ということになる。光子の自己エネルギーの問題では一時有望かと思われた混合場の方法も，ここではその限界を露呈した。なお，上記の梅沢・河辺の公式は，近似によらず，またいかなる荷電場に対しても成立する。これについては後節（§27）で論じる。

本節の終りに余話として，興味ある事実を二，三付加しておきたい。第一に，共変形式に依らない旧式の摂動計算では，中間状態に現れる粒子の運動量を $\boldsymbol{k}$ とするとき，$\int d^3k \cdots$ のような積分が現れる。この積分が有限ならば問題はないが，発散する場合には，例えば $|\boldsymbol{k}|$ を切断する。しかしこれは結果の共変性を破るであろう。この困難を避けるために，梅沢と河辺は，積分変数 $|\boldsymbol{k}|$ の代りに，中間状態に関連した $\boldsymbol{k}$ を含む 4 元ベクトルの内積 ω を採用することを提案した。彼らのいわゆる 'ω-method' である[89]。小さいが，しかし興味深い佳品である。

第二に，当時の E 研でも，発散問題に興味をもっていた原・梅沢・…と言った人たちの間には，発散量を質量と荷電への補正と見なす考え方が共有されていたと思う。それゆえ，'くりこみ' の考え方も，ごく自然に受け入れられた —— というような印象を筆者はもっている。もっとも質量のくりこみは，古典物理でも知られていたのであるが。

最後の余話は梅沢の共同研究の仕方について。真空偏極の研究で一躍名を挙げた梅沢は，その後E研での研究の大きな支柱となってゆく。場の理論に興味をもつ若者たちが——筆者をも含めて——ごく自然に彼の周りに集って来たからである。囲碁に'多面打ち'ということがある。プロの大棋士がアマチュア程度の多数の相手と同時進行で対局する：前者が後者の間を巡回して一手ずつ打ち，後者は次の巡回までにそれぞれ一手を応じ，これを繰り返す。筆者の知る同郷の白江（治彦）八段は，とくに多面打ちの名人と言われ，101面打ちはおろか，203面打ちをも試みたとか。

　梅沢の研究方法もこれに似て，まさに'多面'的であった——ただし'多'≈5名程度であったが。すなわち，研究者Aとは問題aについて，Bとは問題bについて，…Eとは問題eについて議論する。そして例えばAとの研究に面白い結果が出れば'Umezawa and A'による共著論文が出来上る，といった次第。彼に共著論文が多いのはこのためである。1950年前後の例を挙げると，A＝髙橋ならばa＝相互作用表示の一般論，B＝亀淵ならばb＝くりこみ理論，C＝河辺ならばc＝方法論・技術論・科学史，…といった具合であった。

　あるとき髙橋と筆者が"いつも論文に梅沢の名前が入るのは面白くないね。今度はこっそり2人だけでやろう"と言いあって，ある仕事を始めた。しかし極めて明白な理由から，われわれの野望はもろくも崩れ去った——出来上った論文にはやはり彼の名前が入っていたのである[37]。これを要するに論文を書くためには，とにかく梅沢の興味を引きそうなテーマを探し出すことが，われわれにとっての先決問題なのであった。閑話休題。

　次節では，再び空間を東京へ，時間を1947年に戻す。

1953年7月12日箱根・強羅の星山荘にて。この年秋の国際会議準備のために合宿中。左より坂田昌一，筆者，原治，梅沢博臣。

§17 朝永グループとC-中間子論

先にも述べたように（§11），くりこみ理論の構想が最初に発表されたのは，1947年11月24〜25日の京大での学会においてであった。しかし正式の英語の論文はすぐには書かれなかった。因みに当時の習慣は，まず学会で発表するか，あるいは日本語の論文を『素粒子論研究』（以下『素研』）誌に投稿したりして一般の反応や批判を待ち，その後にようやく英文化して例えば Progress of Theoretical Physics（以下 P. T. P.）誌に投稿するのであった。このような大発見なのに，その英文化の作業を年末まで控えた理由は何であったのか。

主な理由は，C-中間子論との齟齬にあったと筆者は観る。C-中間子論は無限大処理に対する完全な理論ではないのに，それを基に朝永グループは厖大な計算を行っている。なぜそれほどまでに C-中間子論にこだわったのか。朝永によると，"坂田

センセイはC-中間子論が大へんご自慢なようなので，そうう
まくはゆきませんよということを証明して，彼をとっちめてや
ろうと思った"と言うのだが，これはいつもの冗談である。本
当の理由が別にあったはずである。

　その理由とは以下のようなものではなかったか，と筆者は想
像する。坂田や原は，電子の自己エネルギーという静的な（あ
るいは on-shell 状態の）場合のみを考察した。しかし朝永たち
はさらに進んで，C-中間子による質量型発散の相殺は，
動力学的な過程（あるいは仮想的な off-shell 状態）においても
機能するのかどうかを知りたいと思ったのであろう。このこと
はまた，散乱問題で現れる発散は，質量型の発散と同型である
か否かという問題でもある。そこで，もしC-中間子論でうま
くゆくならば，質量型発散のくりこみも，静的・動（力学）的
のいかんに拘らず，やはりうまくゆくであろう。なぜならば，
形式的に見るとき C-中間子は —— 少なくとも摂動の最低近似
では —— その動力学として自動的に，くりこみという人為的
操作を物理的に代行してくれる実体だからである[90]。と，この
ような考え方ではなかったのか。

　そこで朝永・木庭・伊藤らは，電子の外場による弾性散乱の
問題を C-中間子の効果をも考慮して調べたのである。具体的
には，摂動の2次の補正（e^2 および f^2 のオーダー）を計算した。
おそらく木庭・伊藤は伝統的な摂動計算を行ったと思われるが，
彼らの結果は，質量型発散を相殺させる条件が，(13.1) とは異
なり

$$f^2 = 2e^2(7/9) \qquad (17.1)$$

となったのである。この結果は直ちに P. T. P. 誌にレターとし
て発表された[91]：以下これを 'レター A' とする。受理の日付は

1947 年 11 月 12 日である。

　しかし，この計算には間違いがあった。ダンコフと同様に[44]，クーロン相互作用の効果を見落していたのである。弾性散乱に対する輻射補正であるから，光子と C-中間子による効果だけを考えればよい，と思ったのか，あるいは電子散乱は一体問題であるから，クーロン力という二体力は考慮する必要はない，と即断したのであろうか。場の量子論では，しかしながら，クーロン相互作用項は種々の行列要素をもつのである：看過されたのは，この項によって散乱電子と仮想陽電子とが生成され，後者が入射電子とともに外場ポテンシャルによって消滅される──ファインマン的には完全な一体的な──過程である。因みにダンコフが件の論文を書いたとき，サーバー（R. Serber）がそれを見て，クーロン相互作用の効果を見落していることを指摘した[92]。しかしダンコフは，その注意を軽視し脚注を 1 つ付しただけで済ませてしまった。

　一方で朝永は，同じ計算を彼自身の共変形式で計算し，木庭・伊藤の計算には見落した項があることに気付いていたという。実際，この形式では，まず朝永-シュヴィンガー方程式を書き下ろし，それに接触変換を施せば，必要な項はすべて出てくるのである。他方，旧式の摂動計算では，可能な中間状態を目の子で書き下ろし，それを基に計算を進めるわけであり，手っ取り早いではあろうが，項を見落す危険性がある──まことに急がば回れなのである。

　この朝永の指摘を受け，木庭は計算を見直してみた（その頃伊藤は病気のため休んでいたという）。そして暮れも押し迫った頃，ダンコフと同じ間違いを犯していたことを発見，その項を考慮すると，質量型発散相殺の条件は（17.1）ではなく，坂

田・原と同じく（13.1）になることが判明した。この結果を見て朝永は——上記のような理由から——初めてくりこみの方法に対して100%の確信をもつに至ったのである[93]。こうして舞台は，本文冒頭（§1）で述べた1947年12月30日の情景へとつながってゆく。

そこで朝永らはP. T. P.誌に宛てて2篇のレターB, Cを書く。レターBとは伊藤・木庭・朝永によるレターAへの訂正である：受理の日付は1947年12月30日である[94]。レターCは木庭・朝永によるもので，弾性散乱の問題では，くりこみの方法で発散はすべて処理できるとするもの。受理の日付は同じく1947年12月30日となっている[95]。

ここで改めて，3篇のレターA, B, Cの投稿について考えてみたい。'47年末の騒動はすべてレターAから始まった。レターB, CのP. T. P.誌による受理の日付が同一日であることから，両者は同時に書かれたもの，と推察される。そして3篇のレターが，P. T. P.誌の1947年最終号に，A, B, Cの順にまとめて掲載されることとなった。この，年の暮れも押し迫った時期に，しかも戦後の劣悪な郵便事情の中で，このように手際よい処置がなされたことは実に驚くべきことであり，そして同時に幸いなことでもあった。と言うのも，これは後に判ったことであるが，米国ではすでに，レターCと同内容のものが2篇——ルイス（H. W. Lewis）の論文とエプシュテイン（S. T. Epstein）のレター——これらもまとめてPhysical Review（以下Phys. Rev.）誌に発表されていたからである[96]。それぞれの受理の日付は，1947年11月24日と1947年11月25日とになっている。両者と同じく朝永グループの仕事も，1947年中に独立してなされた，との記録がこうして残ることとなった。日米間の競り合いの始

第3章 東京・名古屋・シェルター島

まりである。

　本節の終りの余話は二つ。その第一は，1949 年から翌年にかけて朝永がプリンストン（Princeton）の Institute for Advanced Study（以下 IAS）に滞在した折，かのダンコフが彼を訪ねてきた。会話中，朝永が，"もしあなたが，件の間違いをやっていなかったら，くりこみ理論はあなたが発見していたでしょう"と言ったところ，彼はただ黙ってこの言葉を聞いていたという。あるいは心の中では，'あのときのサーバーのコメントを，もっと真面目に受け入れておけばよかったのに'と思っていたのかもしれない。

　第二は，木庭が C-中間子論の計算で，大きな間違いを犯したことを恥じて，頭を丸坊主にした。南部によれば '47 年 12 月 25 日に，彼はその頭で大学に現れたとか[97]。それを知った武谷が朝永に曰く："弟子が髪をそり落しているのに，ボスのあなたはそのままでよいのか"と。その後，素粒子論グループの中では，論文でミスを犯したとき，木庭の先例に倣う人々が現れた。名古屋では O 氏が第一号であった。

§18 孤立からの開放
　　——　"Progress" と "Newsweek"

　終戦直後における朝永グループの研究は，主として東京文理大の研究室を中心にした限られた空間で行われており，とくに外国との研究情況からはまったく孤立した中に置かれていた。これはもちろん，国内の他の研究グループについても同様であり，理論研究者が準拠すべき新しい実験事実は，したがって，皆無に近かったと言ってよい —— わずかに理研仁科研による宇

宙線の観測結果はあったが。

　こうした状況を打開すべく，1946年湯川は，物資払底の中から，英文雑誌 P. T. P. 誌の刊行に踏み切る。粗悪ではあるが，ともかく，ある程度の紙を確保できたのは，湯川の名声あればこそだったと想像される。Vol. 1, No. 1 は '46 年 7 月に現れた。たとえ紙質は悪くても，その内容は，しかし充実そのものであった。戦時中になされた研究成果が，まさに堰を切ったようにして発表されていったからである。そしてその大部分は朝永グループによる論文であった。当初は，数号ずつをまとめて海外の主要研究者宛に送付されていたようである。

　同様に個人的にも，自らの論文を増刷し，同分野の外国人研究者に航空便で郵送することも徐々に始まっていた。ところで当時の増刷手段といえば，薄いタイプ用紙 4, 5 枚を重ね，それらの間にいわゆるカーボン・ペーパーを挟み込み，その全体に対してタイプする，というのが普通だったと思う。少なくとも名古屋ではそのようにやっていた。因みに謄写版刷りの，邦文論文発表誌『素研』が発足したのは 1948 年 10 月のことである。

　日本側からの海外に向けての情報発信は，とにかくこのようにして始まった。往時を振り返るとき，P. T. P. 誌の発刊はまことに時宜を得たものであった，とつくづく思う。湯川の文化的業績の中でも特筆大書されるべき一件ではある。そしてその効果は間もなく現れる。

　他方，海外からの情報の唯一の窓口は，占領軍が日比谷（その他）に開設していた CIE（Civil Information and Education）Library であった。ここでは米国の新刊雑誌が閲覧でき，中には Phys. Rev. 誌なども含まれていたのではなかろうか。1947 年 10 月某日，松井巻之助氏（みすず書房の編集者で，朝永著作

を担当）が大発見をする．'Newsweek' 誌（'47 年 9 月 29 日号）や 'Time' 誌（'47 年 9 月 27 日号）に原子物理学関係の記事があるのを見付け，さっそく朝永に報告する．そして"これは大変"ということになる．

そして次の週の金曜日（10 月 11 日），緊急の特別ゼミが開かれ，朝永が自ら Newsweek 誌の記事を基に解説した．同年 6 月にシェルター島（Shelter Island, N. Y.）で開かれた会議で，いわゆる'ラム・シフト'の実験が報告された．ディラック電子論によれば，水素原子のエネルギー準位 $2S_{1/2}$ と $2P_{1/2}$ とは縮退しているが，ラム（W. E. Lamb）の測定によると前者の方が後者よりわずかに高いというのである[98]．Newsweek 誌の記事はさらに'ベーテ（H. A. Bethe）がこの差を電磁場の反作用に由る，として試算を行い，ほぼ正しい結果を得た'ということにも言及しているという．

朝永が"これは大変"と言ったのは，ラム・シフトの現象そのものや，ベーテの理論的解釈に驚いたからではない，それらはくりこみ理論の立場から，当然予想されることだったからである．驚きの本当の理由は，次の2つであったろうと筆者は忖度する．第一に，それまでの朝永グループの研究は，純粋に理論的でアカデミックな観点からなされてきたのだが，それに直結するような実験事実がすでに米国では発見されていた，ということ．第二に，朝永グループと同じような理論的研究が米国においても同時進行しているらしく，これは大変な競り合いになるぞ，ということではなかったか．

そこで次節では，しばらく，米国側の状況に眼を転じることとする．

§19　シェルター島会議

ニューヨーク市の東に，東西に延びた文字どおり長い島ロングアイランド（Long Island）があり，その先端が二股に分れてできた湾内にこの小島シェルター島（Shelter Island）がある。1947年6月2〜4日，National Academy of Sciences（以下 NAS）の主催で"Conference on the Foundations of Quantum Mechanics"がここで開かれた。会場は 'Ram's Head Inn' という，17室で30人くらいは泊れる小型のホテルが選ばれた。リゾートホテルとしての通常シーズン前の時期に特別に場所を提供したというから，実質的には'貸し切り'だったかと思われる。戦時中はマンハッタン計画などに加わっていた大物理学者たちが，戦後初めてソルヴェイ会議のように徹底的な議論を行おうということで，招待者は少人数に抑えられた。実際に出席した24人のリストは，まことにきらびやかなものであるが，紙幅の都合から註として与えておく[99]。

会議の内容については文献2に詳しいが，ここではその要点だけを述べておく。会議の座長はダロウ（K. K. Darrow）であったが，実質的には3人のディスカッション・リーダー，クラマース（H. A. Kramers），オッペンハイマー（J. R. Oppenheimer）そしてワイスコップ（V. F. Weisskopf）が中心になって議論が進められたようである。会議初日は実験の報告に当てられたが，話題の中心は，もちろんラムの講演であった。

彼は戦時中，レーダー研究の一環として極超短波のマグネトロン発振器の開発に従事しており，戦後にはさらに改良を重ね，水素原子の分光学に応用したのである。因みに水素原子のエネルギー準位で $2S_{1/2}$ のほうが $2P_{1/2}$ よりも高いであろうというこ

とは，すでに1938年パスターナック（S. Pasternack）によって予想されていたが[100]，当時の観測精度では確定的なことは言えなかった。しかしラムは原子線ビームの専門家であるレザフォード（R. C. Retherford）の協力を得て実験を行い，件の準位差が〜1000 Mc/secであることを確認するに至った[98]。

この結果の解釈については，3人のディスカッション・リーダーを中心に激しい議論がなされたと想像されるが，結局それは電磁場による反作用，すなわち輻射補正によるものであろう，との見解に落ち着いたという。

第2日は理論に当てられたが，とくにクラマースが一つの古典的模型を提出し，ここでは理論がくりこまれた質量でもって完全に書き替えられることを示した。講演後の議論でワイスコップやシュヴィンガーは，同じことは場の量子論でも行えるだろうと予想したらしい。会議第3日は中間子物理が主題であり，中間子討論会におけると同様に，湯川中間子と宇宙線中間子との関係が問題となった。ワイスコップが意見を述べようとしたときに，マルシャック（R. E. Marshak）が急拠発言し，両者をまったく別物だと考えてはどうか，と提案した（その場で思い付いたアイディアだったらしい）。因みにこの時点では，日本における二中間子論研究はまったく知られていなかったらしい[101]。

周知のようにベーテは，会議から帰りの列車ニューヨーク→スケネクタディ（Schenectady）の中で（現在なら3時間ほどの行程だが，当時はそれ以上だったか），ラム・シフトについて簡単な非相対論的計算を行った。基本的には会議でのワイスコップやシュヴィンガーの見解に沿っての計算であり，仮想光子エネルギーの積分は mc^2 で切断した。計算の細部は大学に帰っ

て整理し，それを直ちに Phys. Rev. 誌に投稿した。論文受理の日付は，何と '47 年 6 月 27 日[102]。その手際のよさに，会議出席者たちは，あっけにとられたらしい。なおベーテの答は 1040 Mc/sec であった。ここまでのニュースが，前節のような仕方で朝永に達したのであった。

因みに NAS はその後，同種の会議を 2 回主催している：ポコノ（Pocono）会議（ペンシルヴァニア，1948. 3. 30～4. 2）とオールドストーン（Oldstone）会議（ニューヨーク，1949. 4. 11～14）である。シェルター島でラムが演じた役割をポコノではシュヴィンガーとファインマンが，オールドストーンではダイソンが演じたと言われている。

今日の時点から回顧するとき，シェルター島の会議は，戦後の米国，そして世界の物理学の方向を決定するような役割を果したと言える。そのように重要な会議が，ようやく 1947 年になって開かれたのは，何事であれ即決的・機能的である米国人にしてはいささか遅過ぎたように思われる。会議の形式や内容では，'中間子討論会' によく似ているが，敗戦国の日本ではそれが戦時中も継続していたというのに，である。シェルター島会議の準備段階でベーテが "目標の決った戦時研究のやり方からは脱却するように" と強調したらしいが，これはまことに意味深長な言葉である。この言葉から，そしてそういう発言がなされねばならなかったという状況から，まず筆者が感じるのは，ほぼ 5 年にもわたる軍事研究がいかに不自然なものであったのか，ということである。例えば，研究者相互間にも保持すべき秘密があり，それが自由な討論を阻んでいたか，とも想像される。そうした不自然さに馴らされた人々には，本来の自由な状態に復するのには，それ相応の時間が必要だったのであろうか。

本章を終えるにあたりもう一つ，この会議に関連して認(したた)めておきたいことがある。戦後の米国の QED 研究は，要するにラムの新実験を契機として発足した。しかし，これと競り合った朝永グループには，そのような実験事実は何もなかった——言うなれば羅針盤をもたない冒険の旅であった。では，そのような旅を支えたものは，いったい何であったのか。理論のもつ力に対する信頼が，彼らよりも格段に強固だったからに他ならない，と筆者は考えたい。

　歴史を読むときに，過去をこのようにポジティヴに解し得るのは，われわれ後輩にとって，まことに幸せなことである——これをこそ余慶というのであろう。

●

68―例えば「原治氏語る」（大貫義郎・亀淵迪によるインタヴュー）名大坂田記念史料室史料 B1-5-3-28。

69―坂田記念史料室保存の'坂田ノート' 45-01-NB-12 によれば，武谷の最初の談話（11 月 17 日）は'物質と場'と題するものであり，ノートにはその概要も記されている。また谷川から武谷に宛てた感謝の手紙（1945 年 12 月 30 日付と推定）が武谷家に残されているとか——西谷正氏の教示による。

70―J. D. Bernal, "The social function of science", Faber & Faber, London (1939), 後に本書は坂田らによって邦訳される:『バナール科学の社会的機能』第一部，第二部，坂田昌一，星野芳郎，龍岡誠訳，創元社 (1951)。

71―G. Mie, *Ann. d. Phys.* **37** (1912) p. 511; **39** (1912) p. 1; **40** (1913) p. 1; **85** (1928) p. 711.

72―M. Born, *Proc. Roy, Soc.* **A145** (1934) p. 410; M. Born and L. Infeld, ibid. **144** (1934) p. 425; **147** (1934) p. 522; **150** (1935) p. 141.

73―F. Bopp, *Ann. d. Phys.* **38** (1940) p. 345. なお簡潔な（本文 41 ページ）電子論史については A. Pais, "Developments in the theory of the electron", Princeton Univ. Press (1948) がある。

74―C. Møller and L. Rosenfeld, *Dans. Mat. Fys. Nedd.* **17**, no. 8（1940）.

75―H. Poincaré, *Comptes Rendus*, **140**（1905）p. 1504.

76―E. C. G. Stueckelberg, *Nature*, **144**（1939）p. 118.

77―井上健，高木修二，『科学』**16**（1946）p. 205.

78―A. Pais, *Phys. Rev.* **68**（1945）p. 237; *Verh. Kon. Ac. Wetensch. Amsterdam*, **19**（1947）p. 1.

79―後年，梅沢氏より直接聞いた。その時点では，件の模型の詳細は覚えていないとのことであった。それがいかなるものであったかについては，おおよそ推測はできるが。

80―T. Kinoshita, *Prog. Theor. Phys.* **5**（1950）p. 335.

81―Dublin Institute for Advanced Studies の所長だったシング（J. L. Synge, 相対論）は，キプロス島の王ピグマリオンの神話に因んで，自分の作った理論がたとえ実証の見込みがなくても，あるいは多少の欠陥があっても，なおそれに執着して研究し続けることを'ピグマリオン症'と呼んだ。

82―研究会（2013年3月2日～3日）の議事録は『「E研の歴史」研究会』名古屋大学坂田記念史料室（2013）。なおこの研究会に筆者は欠席。

83―以下は主として生前梅沢氏より直接聞いたことである。また一部は1984年夏，エドモントンの梅沢邸で行った4回にわたるインタヴューに基づいている。なお後者のCDは名古屋大学坂田記念史料室に納めてある。

84―次の2論文かと思われる：E. Fermi, E. Teller and V. Weisskopf. *Phys. Rev.* **71**（1947）p. 314; E. Fermi and E. Teller, ibid. **72**（1947）p. 359. ここでは物質中における中間子の崩壊および吸収が論じてある。

85―H. Umezawa, J. Yukawa and E. Yamada, *Prog. Theor. Phys.* **4**（1949）p. 25, 113; H. Umezawa and E. Yamada, ibid. **4**（1949）p. 251. なお混合場の方法についての総合報告としてはS. Sakata and H. Umezawa, *Prog. Theor. Phys.* **5**（1950）p. 682.

86―W. Pauli and F. Villars, *Rev. Mod. Phys.* **21**（1949）p. 434.

87―『素粒子論研究』**1**（1949）p. 253.

88―H. Umezawa and R. Kawabe, *Prog. Theor. Phys.* **4**（1949）p. 423, 443.

89―H. Umezawa and R. Kawabe, *Prog. Theor. Phys.* **4**（1949）p. 420.

90―C中間子実体論は名古屋学派の共通見解でもあったと思う。しかし厳密に言えば，両方法は摂動の最低近似でも同等ではない。'くりこみ'は発散項と有限項をともに引き去るが，'C-中間子'は有限項を残し，その物理的効果を改めて考える（例えば中性子・陽子の質量差と同定する）。なお当時，

さらに高次の近似について詮索する人は少なかったようである——もっとも，それは手に負えない難事ではあったが。

91—D. Ito, Z. Koba and S. Tomonaga, *Prog. Theor. Phys.* **2**（1947）p. 216.

92—R. Serber, "Peace and war reminiscences of a life on the frontiers of science", Columbia Univ. Press, New York（1998）p. 49.

93—C-中間子を含む QED 問題を考えたお陰で見落としがあるのに気付き，それを考慮すれば，別に C-中間子を考えなくても，くりこみだけでうまくゆくことはほとんど自明であった。この意味で，そしてこの意味でのみ，C-中間子論はくりこみ理論の成立に寄与した——と言うべきか。

94—D. Ito, Z. Koba and S. Tomonaga, *Prog. Theor. Phys.* **2**（1947）p. 217. なお本論文は，ibid. **3**（1948）p. 267, 325.

95—Z. Koba and S. Tomonaga, *Prog. Theor. Phys.* **2**（1947）p. 218. 本論文は ibid. **3**（1948）p. 290. なお，くりこみ理論一般については，T. Tati and S. Tomonaga, ibid. **3**（1948）p. 391；H. Fukuda, Y. Miyamoto and S. Tomonaga, ibid. **4**（1949）p. 47, 121.

96—H. W. Lewis, *Phys. Rev.* **73**（1948）p. 173. S. T. Epstein, ibid. **73**（1948）p. 177.

97—南部陽一郎，大阪大学における特別講義「物理学者の肖像」（2011 年 6 月 27 日）。したがって木庭が間違いに気付いたのは 12 月 25 日以前ということになる。

98—W. E. Lamb, Jr. and R. C. Retherford. *Phys. Rev.* **72**（1947）p. 241.

99—文献 2 その他によるとシェルター島会議出席者は：H. A. Bethe, D. Bohm, G. Breit, K. K. Darrow, H. Feshbach, R. P. Feynman, H. A. Kramers, W. E. Lamb, D. A. Mac Innes, R. E. Marshak, J. von Neumann, A. Nordsieck, J. R. Oppenheimer, A. Pais, L. Pauling, I. I. Rabi, B. Rossi, J. Schwinger, R. Serber, E. Teller, G. E. Uhlenbeck, J. H. Van Vleck, V. F. Weisskopf, J. A. Wheeler, 以上 24 名。ただしホテルの記念掲額（？）には E. Fermi も含まれているが，彼は欠席したのかも。

100—S. Pasternack, *Phys. Rev.* **54**（1938）p. 1113.

101—マルシャックによると，翌'48 年 1 月のニューヨークでの米国物理学会での席でオッペンハイマーが坂田・井上の論文を渡してくれ，これによって初めて日本での二中間子論研究（文献 21）について知ったという。またパウエルらの実験（文献 22）についての情報も米国には届いていなかったらしい（当時，欧州からの学術雑誌は米国へ船便で来ていたとか）。なお彼

の論文は R. E. Marshak and H. A. Bethe, *Phys. Rev.* **72**（1947）, 506（'47 年 7 月 29 日受理）。ここではスピンの割り振りが坂田・井上とは逆になっている。ことの詳細については "Interview of Robert Marshak by Charles Weiner on 1970 June 15", Niels Bohr Library & Archives, American Inst. of Phys., College Park, MD. U. S. A および Proc. of the internat, conf. on elementary particles in commemoration of the 30-th anniversary of meson theory（Kyoto, 24〜30 September 1965）ed. Y. Tanikawa, Pub. Office of P. T. P.（1966）p. 180 におけるマルシャックの発言を参照されたい。

102—H. A. Bethe, *Phys. Rev.* **72**（1947）p. 339.

第4章

ダイソン理論に向けて

§20 日米交流の始まり

　表題で'日米交流'としたが，むしろ'(日→米)直流'のほうが適当だったかもしれない。米へ米へと草木もなびく，いわゆる'頭脳流出'の時代へと移行したからである。それはともあれ，素粒子論の分野での，戦後初の渡米者は湯川だったかと思われる。1948年9月，オッペンハイマー所長に招かれてプリンストンのIASこと Institute for Advanced Study に赴き，1年間滞在，その後ニューヨークのコロンビア大学の客員教授となり，最終的に帰国したのは1953年7月である。この間1949年にはノーベル賞の受賞がある。この湯川から米国での研究についてのホットな情報が航空便で伝えられる。

　他方，P. T. P. こと Progress of Theoretical Physics 誌を寄贈された著名学者たちからも，そのお礼を兼ねて情報が伝えられるようになる。その模様は，例えば『素研』誌第0巻2号（発行は1949年1～2月と推定される）に設けられた「海外通信」の欄から読み取ることができる。海外の物理学者からの私信を，

何らの許可も得ずしてこのような形で公開することは，今日の常識からすればいろいろと問題はあろうが，とにかくこの'欄'はわれわれにとって実に貴重な情報源となっていた。

ここには，何分にも朝永宛のものが圧倒的に多く，それぞれの発信者はオッペンハイマー（2通），パイス，ハイトラー，ハイゼンベルク，湯川と続く。とくに湯川は，快適な環境で研究する特権を得た者としての一種の義務感からか，その後も筆まめに書き続ける。なお上記のハイゼンベルクから朝永宛の手紙（ゲッティンゲン発，'48年9月29日付）は戦後初のものだったらしく，先ずP.T.P.誌の寄贈を感謝した後，"こうした日本からの'Lebenszeichen'（生の証）はまことに喜ばしい"と述べている。このLebenszeichenという言葉に深く心を打たれたと，後年朝永はしみじみと語っていた。察するにハイゼンベルクは'ともに戦乱を生き延び得たことを喜び合うとともに，P.T.P.誌によって朝永がよい仕事をなし続けていることを確認した喜び'を，この一語の中に込めたのではなかろうか。話がいささか脇に逸れたが，QEDに戻る。

上記の海外通信中，最初のオッペンハイマーから朝永宛のものは，実を言うと電報（プリンストン発'48年4月14日付）であり，以後の展開に重要な意味をもつので，ここにその全訳を記しておく。

"お手紙と論文多謝。大変興味深く価値あるものであり，当地で行われている研究と併行する面が多いと思われます。研究の現状とあなたの見解をまとめ，Phys. Rev.誌に即刻発表されるよう強く勧めます。そのためには喜んで尽力致します。当地での最も建設的な進展はシュヴィンガーに

よるもので，あなたの相対論的形式を self consistent な引算法に適用し，種々の量に対する定量的結果の決定版を求めようとしています。以上よろしく"。

この電文を見て朝永は，"シュヴィンガーと競争じゃ大変だなあ"と洩らしたとか。それはともかく，朝永は彼の求めに応じ，早速，日本での研究の現状についてのレターを書く。ただ，真空偏極，とくに光子の自己エネルギーについてはなお問題が残る，としている。これをオッペンハイマー宛に送ったのだが，その返事（'48年5月28日付）が上述第2の手紙であり，次のように述べている：

"レターは直ちに Phys. Rev. 誌に送り，可及的速やかに掲載するよう要請した。おそらく2カ月後には出版されることでしょう。……光子の自己エネルギーの問題はシュヴィンガーも論じており，論文入手次第そちらに送ります。バーミンガムの会議でお会いできれば嬉しいのですが。何れにしても近い中に私たちの研究所に来られることを希望しています"。

因みにこの朝永のレターは1948年6月2日に受理され，同年7月15日号の Phys. Rev. 誌に掲載された[103]。また間もなくシュヴィンガーの論文も送られて来たが，それについての朝永のコメントは，"計算の結果光子の自己エネルギーが零となったのではなく，零にするような計算をやったに過ぎない"だったとか。戦後期の日本ではよくあったことだがヴィザの発行が間に合わず，朝永のバーミンガム行きは結局叶わなかった。し

かしプリンストン行きは1949年に実現し，1年間IASに滞在した。

このようにして，日本のQED交流は始まった．日本での研究が外国に知られるようになったのは，まさしくP. T. P.誌の果した功績である．なお，このことに関連して，後にIASの教授となったダイソンが次のように認（したた）めている[1]．後半は第Ⅰ部のエピグラフと重複するが，感動的な文章なので，関連部分全部を以下に訳出しておく．

"1948年の春にはもう一つ忘れ難い出来事があった（他の一つはファインマン理論の展開）．ハンス（ベーテ）が日本から小さな小包を受け取ったのだが，中には出版されたばかりのP. T. P.誌の最初の2号が入っていた．それらは英語で書かれ，粗末な茶色っぽい紙に印刷されており，全部で6篇の論文が掲載されていた．2冊目の最初の論文は東大（ママ）のS.トモナガによるもので，'波動場の量子論の相対論的に不変な定式化'と題されていた．ページの下には脚註があり，'最初日本語で発表された1943年の論文から翻訳された'とあった．そこでハンスはこれを読むようにと私に渡してくれたのである．そこにはジュリアン シュヴィンガー理論の考え方の基礎が，面倒な数式を用いずに単純明快に述べられており，その意味するところはまさに驚くべきものであった．戦後の廃墟と混乱の中で，世界とはまったく孤立した状態にありながらも，とにかくトモナガは当時の理論物理学で一際抜きんでた研究グループを作り上げていた．彼はコロンビア大の実験事実（ラム・シフトの実験など）を知らないままに，ただ独力で，シュ

第4章 ダイソン理論に向けて 85

ヴィンガーよりも5年も早く，新しい量子電磁力学の基礎付けを行っていたのである。1943年の時点で理論は未だ具体的な問題を取り扱えるほどには整備されていなかった。理論をまとまった数学的体系に構築したのはシュヴィンガーだったと認めなくてはなるまい。しかし本質的な第一歩を踏み出したのはトモナガであった。1948年春に，彼は東京の瓦礫の中から私たちに，ほとんど痛ましいとも言えるような小さな小包を送ってくれた。それは私たちには深淵からの声のように思われた。"（ただし括弧内は筆者註）

1949年にダイソンはくりこみ理論の基礎を確立する2篇の論文を書くが[104]，その第1論文の表題を"The Radiation Theories of Tomonaga, Schwinger, and Feynman"としたのであった。余談になるが，朝永グループの仕事について，もし上述のようなオッペンハイマーやダイソンによる紹介がなかったとしたら，あるいは1965年のノーベル賞からは朝永の名が外れていたのでは，と思われる。そしてこの両者に朝永一派の仕事を知らしめたのは，湯川の創設したP. T. P.誌だったのである。

終りに本節の余話として，もう一つP. T. P.誌について伝えておきたいことがある。1956年秋から2年間，筆者はコペンハーゲンのニールス ボーア研究所（当時は大学付置の'理論物理学研究所'と呼ばれていた）に滞在したが，その2年目にはプリンストン大からワイトマン（A. S. Wightman, 公理的場の量子論創始者の一人）もそこに来ていた。当時彼はPhys. Rev.誌の査読役を引き受けていたらしく，場の理論関係の査読論文が米国から回送されてくると，まず筆者のところにやって来ることがたびたびであった。彼の言うには"こんな仕事は日本では

シュヴィンガー

まだやられていないかね。場の理論で大抵のことは P. T. P. 誌に載っているので訊くのだが"と。この事実は，当時のわが国の場の理論研究や，P. T. P. 誌に対する国際的評価のほどを物語っていると言えよう。

§21 シュヴィンガー・ファインマンとの出会い

ここに出会いとは，もちろん，論文を通じての出会いのことである——実際に両者と出会ったのは，ずっと後のことになる。

筆者が初めてシュヴィンガーという名前を知ったのは，朝永理論との関連で読んだ，QED 3 部作[23]の中の第 1 論文によってであった。しかし，こういう偉い人の論文は，それ以前のものも学習しておかなくてはと思い，彼の名前の入ったものはいろいろと読んでみた。取りわけ強烈な印象を受けたのは，バークレイ時代（1939-41）に師のオッペンハイマーとともに書いた "On the Interaction of Mesotrons and Nuclei" と題する論文であった[105]。3 頁にわたる短い論文で，極めて小さな式が 4 個あ

第 4 章 ダイソン理論に向けて　87

るが，他は文章のみ，といった代物であった。当時，核子の周りの中間子固有場の問題に興味をもっていたので，懸命に理解しようと努めた。何か深遠なことが書いてあるように感じたのだが，何分にも式が少ないので，十分に理解できなかったとの印象が残っている。

しかし同じ頃に書かれたスピン 3/2 の粒子に対するラリタ-シュヴィンガー（Rarita-Schwinger）方程式についての論文は[106]，明快そのもので感心した。よく分ったので，後にこの式を使って二，三論文を書いた。閑話休題。QED 論文に戻ろう。

ニューヨークのシェルター島会議での最大の成果は，ラム・シフトが電磁場の反作用に因る効果である，との共通認識に達したことであろう。しかしその取扱いには，従来の摂動計算では不十分であり，計算の各段階で相対論的共変性が明確になるように，QED を再定式化する必要がある —— おそらくこのことをもっとも強く感じたのがシュヴィンガーではなかったろうか。いわゆる朝永-シュヴィンガー形式の研究に着手したのは，この会議の直後だった，とされている。

それはともかく，彼が初めてこの研究を発表したのは，NAS こと National Academy of Sciences がその翌年に開いた第 2 回のポコノ会議（1948.3.30〜4.2）においてであった。期間中の丸 1 日（3 月 31 日）実質 8 時間が彼の講演に当てられたと伝えられている。そしてその直後から 3 部作の論文の執筆に着手する。3 論文が Phys. Rev. 誌に受理された日付は，それぞれ 1948 年 7 月 29 日，同 11 月 1 日，そして 1949 年 5 月 26 日となっている。理論の基本的な定式化から，くりこみ理論を用いての具体的応用に至るまでの厖大な計算を，単独でかくも短時日（2 年弱）の間に成し遂げるとは，まことに驚歎の他はない。

ファインマン

　前節でのダイソンからの引用文にもあるように，当該理論の数学的基礎の確立は，彼に負うところが多いと筆者も考える。私事にわたって恐縮であるが，筆者はこの形式を用いて二，三の論文を書いたが，その際参考書として用いたのはシュヴィンガーの論文であった。一人の著者が，すべてを3論文にまとめている，という点で使いやすかったからである。なおこのことについては，後節（§33）でもう一度触れる。

　シュヴィンガーについてはこの程度に止め，次にファインマンである。彼は筆者が遭遇した物理学者の中で，最も不可思議な存在であった。それまで筆者の抱いていた科学観・科学者観を根底から覆してしまった人だったからである。科学とは先人が築いてきた土台の上に，後続の人たちが，その器量に応じて大なり小なりを付け加えることによって，徐々に生長してゆくものである，とするのが常識であろう。しかしファインマンはこのような枠組みからはまったく別の所で仕事をしていたように思われる。先人の業績などには拘泥せず，自らの物理を自らの意の赴くままに，いわば徒手空拳で築き上げた，としても過

言ではあるまい。彼との最初の出会いも衝撃的であった。師のホイーラー（J. A. Wheeler）と共著の古典電磁気学における'遠隔作用論'の論文であった[107]。ここでの基本概念は荷電粒子間に働く遅滞力と先進力であり，両者が同等の資格で現象に参画する。したがって2個の荷電粒子間に働く力について考える場合にも，全宇宙に存在し，または将来存在するであろうすべての荷電粒子の影響を考慮する必要があるが，宇宙が適当な境界条件（エネルギーが宇宙の外に洩れない'完全吸収体'であること）を満たす場合には，物理的結果は近接作用論（すなわち場の理論）の場合と一致する，と主張する。

この論文から筆者は，まさしく'目から鱗が落ちる'ように，多くのことを教わった。例えば

（i）従来のように'電磁気学≡マックスウェル方程式'ではなく，'電磁気学≡マックスウェル方程式＋因果律（先進解は捨てる）'であること，

（ii）電磁場は実在としなくてもよいこと，

（iii）局所的現象と宇宙の大域的構造が密接に関連していること，

等々である[108]。

その後ファインマンは，いわゆる'ファインマン 図（ダイアグラム）'を基にする独自の QED を定式化するのだが[109]，その根底には上記のような粒子的かつ時空横断的な描像があったのではなかろうか。先にも述べたようにポコノ会議においては，シュヴィンガーとともにファインマンも主役を演じたが，後者の講演は聴衆の誰にも十分理解されなかったという。講演後，両者が2人だけで話し合ったが互いを理解し合うには至らなかったとも。両者の理論の同等性の証明は，第3回のオールドストーン会議に

おけるダイソン講演まで待たねばならなかった。

　シュヴィンガーもファインマンも，ともに1918年ニューヨーク市生まれであり，亡くなったのも同じくロサンジェルスであった。不思議な因縁を感じざるを得ない。しかしながら両者は，いろいろな点で対照的な性格の持主であった。そのことを約言して'S/F'の形で表現するならば，以下のようになろうか：研究上の態度や方法に関しては，波動的/粒子的，ハミルトニアン/ラグランジアン，局所的/大域的，正統的/独自的，思索的/視覚的，そして人間的には，静/動，秀才/天才。ここに秀才とは'問題を解く名人'，天才とは'新しいパラダイムの創造者'の謂とする。なお，両者に対する一般的解説については，宮沢（弘成），江沢（洋）両氏による，それぞれの論考を参照されたい[110]。

§22 ラム・シフトの計算を巡って

　'ラム・シフト計算におけるヒーローはワイスコップである'との持論の説明から本節を始めたい。古典的場の理論の宿痾である発散の困難は，量子論に移行すればあるいは解消されるのではないか，との淡い期待も間もなく裏切られる。ハイゼンベルク-パウリが相対論的場の量子論を確立するや否や，オッペンハイマーやワラー（I. Waller）が予備的な計算を行い，束縛および自由電子のエネルギーにそれぞれ発散が現れることを指摘する[111]。

　下って1939年，ようやくワイスコップが本格的に電子の自己エネルギーの計算を行い[112]，古典論では1次の発散だったものが，QEDでは（摂動の2次で）対数的発散となることを結論

する(ただしこれには裏話がある。文献113と,そこに付した説明を参照されたい)。この結果を事態の些少の改善と見るべきか,否,筆者はそうは思わない —— もし発散が2次またはそれ以上であったならば,くりこみ理論は成立しなかったはずだからである。当時ワイスコップ自身も,ことの重大さには気付いていなかったと思われる。なぜならば,この筆者のコメントは,もちろんダイソン理論以降の後知恵だからである。

いずれにせよ,そのようなワイスコップであったから,束縛状態にある電子のエネルギー準位に対する輻射補正の問題にも興味をもっており,シェルター島会議以前にも,かねがね弟子のフレンチ(J. B. French)とともに計算の構想を練っていたらしい。会議後にはその研究がただ加速された,ということになる。そうした次第であるから,ラム・シフトに対する本格的な計算を最初に行ったのはワイスコップだとしても,何ら不思議ではないはずである。

ところがである。彼らの答1051 Mc/secは,シュヴィンガーやファインマンの計算値と合わないのである。最初のうちは後二者の答も互いに異なっていたが,幸か不幸か,それが後に一致してしまった。そこでいよいよワイスコップらは,自分たちの旧式(非共変的)な計算よりも,シュヴィンガーやファインマンの共変的計算のほうが正しいのではと考え,論文の発表は控えていた。しかし情勢は転々,結局はワイスコップらのほうが正しかったことが判明する —— だが時すでに遅し,クロール(N. M. Kroll)とラムの論文が先に出版されてしまった[114]。

まことに歴史はときに皮肉であり冷酷でもある。ファインマンも,"すまないな。ノーベル賞は私たちが貰って",と慰めてくれたらしいのだが。それはともあれ,上記の事情から,問題

解決の功はワイスコップに帰せらるべし，と筆者は考えたい。"もっと自分の仕事には自信をもつべきであった。正しいと思うことは飽くまでも主張し続けなくてはならない"とは，後年のワイスコップの述懐である[115]。

次に日本側の状況をも一瞥しておこう。日・米における関係論文の，P. T. P. 誌や Phys. Rev. 誌による受理の日付から推して，米国と同じく 1948 年の中頃には，ラム・シフト計算が開始されていたと考えられる。朝永グループでは，南部および福田（博）・宮本・朝永の論文がある[116]。前者は非相対論的・非共変的計算なので予備的計算に過ぎないと，極めて控え目であり，その答は 1087 Mc/sec となっている。他方，後者は共変的計算を行って，初め 1076 Mc/sec の答を得たが，'校正時註'において，ある量の評価を改正すれば文献 114 の結果と一致する，と記している。それゆえ，最終的には，米国側よりも多少遅れを取ったことになる。

なお名古屋グループでは，原・戸叶（隆視）の相対論的考察がある[117]。なぜベーテの非相対論的計算が成功したのか，つまり mc^2 より大きなエネルギーの仮想光子がなぜ寄与しないのかを，相対論的に当ってみたという。また束縛電子の場合にも，条件（13.1）の下で，C-中間子が機能することを確認している。

本節終りの余話は，上記の南部および福田・宮本・朝永の論文についてである。これらの研究が最初に発表されたのは，この年の 5 月，京大で開かれた物理学会の素粒子論分科会（1948 年 5 月 21〜23 日）においてであった。まず登壇したのは南部。当時の研究発表は，あらかじめ，式を大きな紙（これを'ビラ'と呼んでいた）4,5 枚に墨書しておき，それを黒板に貼りつけて行うのがつねであった。講演を終えた南部が，そのビラを黒

板から剝がそうとしたところ，次の登壇者の朝永が"ビラはそのまま剝がさないで"と言い，それを用いて自らの発表を——南部計算と比較し，そして批判しながら——行ったという。2人の（将来の）ノーベル賞学者の継投とはまさしく豪華そのもの，古き佳き時代ではあった，物質的には貧窮のどん底にあったけれども。この話を筆者はその日その場にいた梅沢から聞いた。

§23 陽電子論の変遷

"電子場の量子化については，イワネンコ–ソコロフ（Iwanenko-Sokolov）の論文[118]が面白いですよ"とは，学生時代に師の坂田から教わった事柄であるが，今から考えるとこれはまことに貴重な助言であった。以下ではこのことを中心にして，陽電子論変遷の経過を振り返ってみたい。

場の量子論から見た陽電子論には，3つの大きな段階があったと筆者は考える。第1段階は電子の負エネルギーの困難を避けるために，ディラックによって導入されたいわゆる'空孔理論'である。'真空'を負エネルギー状態のすべてが占有された状態とし，そこにできた'空孔'は $+e$ をもった粒子と同定したことである。当時は新種粒子の導入を嫌う風潮があり[119]，ディラックもそれに従ったか，空孔を陽子と同定した[120]。しかしそれでは水素原子が不安定となってしまい[121]，他方ディラック方程式は荷電共役（反転）の下で不変であることも判明し[122]，けっきょく空孔は $+e$ をもった'陽電子'と同定されるようになる[123]。そして1932年のアンダーソン（C. D. Anderson）による陽電子の発見に至る[124]。

これを要するに，ディラックの空孔理論は，電子の'反粒子'としての陽電子の存在を予言したという点では卓抜な考え方であった。外場，あるいは光子の放出・吸収による陰・陽電子対の生成・消滅の説明も見事であった。しかしここに留意すべきは，真空状態がいわゆる'ディラックの負の海'であるという事実であり，理論的には，このことに対して支払うべき大きな負債を抱えていた。

　負の海のもつエネルギーや電荷はともに $-\infty$ である。エネルギーの場合には，真空エネルギーからのずれのみが物理に利くと考えれば何ら問題はない。しかし電荷の場合にはどうするのか。やはり真空電荷からのずれのみが寄与するように，電磁力学を根本的に改変する必要があろう。このためにディラックやハイゼンベルクは長大かつ難解な論文——しかも結論はハートリー近似でなら何とか処理できるというもの——を書かなくてはならなかった[52]。いつもは綺麗で決定的な議論をするディラックにしてはいささか心許ない。基礎方程式には厳密・正確なものが求められるからである。

　このような困難を回避するのが第2段階である。ここでは電子場 $\psi(x)$ の量子化法と解釈を改変し，真空を再び空っぽの状態に戻す。従来の方式では，自由場 $\psi(x)$ を4種の固有解 $u_{k,\lambda}^{(\pm)}$（4元スピノール）でもって，次のように展開する：

$$\psi(x) = \sum_{k,\lambda}(a_{k,\lambda}^{(+)}u_{k,\lambda}^{(+)}+a_{k,\lambda}^{(-)}u_{k,\lambda}^{(-)}), \qquad (23.1)$$

ここで上付き記号 $(\pm)$ はエネルギーの正・負を表し，下付きの $\lambda(=1,2)$ はスピン自由度に対応する。$a_{k,\lambda}^{(\pm)}$ は消滅演算子であり，$a_{k,\lambda}^{(\pm)\dagger}$ とともに通常の反交換関係を満たすと仮定される。上式 (23.1) では正・負エネルギー状態がまったく同様に取り扱

われているため，負エネルギー電子の生成・消滅に煩わされることになった。

そこで上式第2項を次のように処理する。まず簡単のためディラック行列に対して特別な表式を採れば，'荷電共役'は'複素共役'と一致するので，陽電子に対する波動関数を $v_{k,\lambda}$ として，$u_{k,\lambda}^{(-)}$ の代わりに $v_{k,\lambda}{}^*$ でもって展開する。これに応じて展開係数（演算子）も $b_{k,\lambda}^\dagger$（そのエルミート共役を $b_{k,\lambda}$）と書き，これらを陽電子の生成（消滅）演算子と解釈する。したがって式（23.1）に代って，次式を採用することとなる：

$$\phi(x) = \sum_{k,\lambda} (a_{k,\lambda} u_{k,\lambda} + b_{k,\lambda}^\dagger v_{k,\lambda}{}^*), \qquad (23.2)$$

ここでは不必要となった上付き記号（±）は省いてある。これがいわゆるイワネンコ-ソコロフ，クラマースの量子化法である[118]。式（23.1）から式（23.2）への移行は，たんなる書き替えのように見えるが，物理的解釈は大いに異なってくる：負エネルギー状態は理論から完全に姿を消している，つまりそれは存在し得ないことになっているからである。

この結果，理論は正エネルギーの陰・陽電子のみと関わり，しかも両者は対称的に取り扱われることになる。真空状態 Ψ_0 も，

$$a_{k,\lambda} \Psi_0 = b_{k,\lambda} \Psi_0 = 0 \qquad (23.3)$$

によって定義される。したがって，荷電共役の演算子を C とするとき，$C\Psi_0 = \Psi_0$ となる（空孔理論ではこの式は成立しなかった）。

言うまでもなく，負エネルギー状態の出現は，相対論的理論の帰結であり，電子場に限ったことでない：例えばスカラー場の場合にも同様に出現する。しかし，1934年にパウリとワイス

コップが複素（荷電）スカラー場の量子化を論じた論文では[125]，負エネルギー状態を次のように取り扱っている。正・負エネルギーの固有関数

$$u_k^{(\pm)}(x) \equiv \exp[(\pm i(\boldsymbol{k}\cdot\boldsymbol{x}-E_k t))] \quad (E_k > 0)$$

を用いてスカラー場 $\phi(x)$ を，式（23.1）ではなく，直接（23.2）の形に展開する：

$$\phi(x) = \sum_k (a_k u_k^{(+)} + b_k^\dagger u_k^{(-)}), \quad (23.4)$$

そして a_k, b_k をそれぞれ電荷が逆符号の粒子の消滅演算子と解釈するのである。

これと同じことが電子場に対しても可能であるということが，なぜ1934年から1937年まで気付かれなかったのであろうか。人々がそれほど空孔理論の考え方に魅せられていたということか。ただしパウリだけは例外だったとワイスコップは述べている[113]。パウリは空孔理論が大嫌いであり，負エネルギー状態にはディラックとは別の取り扱いが可能であるということを，スカラー場の量子化によって例示したかったらしい，というのである。

最近ワインバーク（S. Weinberg）も彼の教科書の中で，反空孔理論的な考えを述べている[126]。ただ，空孔理論に代る取り扱いを試みた最初の論文として，文献118ではなく，1934年のファリー–オッペンハイマー（Furry-Oppenheimer）の論文を挙げている[52]。しかしこの論文は，やはり（23.1）から出発し，その後正エネルギーの陰・陽電子に対する状態空間を構築するという迂遠な方法を採っている。つまりは負エネルギー状態の存在は認めるが，それには関わらないというに過ぎず，空孔理論と五十歩百歩ではなかろうか。したがって電子場の量子化法改変

の論文としては,文献118の方が適当と筆者は考える。事実,坂田もファリー－オッペンハイマー論文については何らの言及もしなかった。

 以上のような状況にも拘らず,その後もなお空孔理論は生き延びる。どうやら物理学者は'真空から粒子が飛び上って……'といった詩的表現がお好きだったようである。例えば1947年の伊藤・木庭・朝永のレター[94]にも,"真空電子の自分自身とのクーロン相互作用によって作られた(陰・陽電子対)"といった表現がなされている。長年の習慣からは容易に脱し切れないということか。いずれにせよ,まことに奇妙な状況ではあった。

 陽電子論の第3段階は,1949年のファインマンの,文字どおり"The Theory of Positrons"と題する論文である(文献109の第1論文)。ここでは電子の過去向きの運動を陽電子と同定する。そしてこれに対する伝播関数の導出が長々と続くが,要するに,負エネルギー($-E$)状態に対する(通常の)波動関数の位相を

$$\exp[-i(-E)t] = \exp[-iE(-t)]$$

と書き直すことに対応する。あるいは相対論的場の量子論における'CPT定理'を用いれば,次のようになる。ここにC, P, Tはそれぞれ'荷電共役','空間反転','時間反転'の演算子であり,'この3者を任意の順序で続けて変換するとき,理論は不変である'という定理である。このことを記号的にCPT ≈ I(恒等変換)と表現しよう。QEDではP ≈ Iであるから,上式よりCT ≈ I,したがって$C^2 ≈ I$を考慮すればT ≈ Cとなる。すなわち,時間反転した電子状態が,荷電共役した状態,つまり陽電子状態と同等になる。

以上は形式的な議論に過ぎないが，このことのおかげで摂動計算がおそろしく簡単になったのである。例えば，過去に向って進行していた電子が外場によって未来向きの運動に転化したとする。これは物理的には，外場による陰・陽電子対の生成過程に相当する。生成時以降は2体問題となるが，ファインマン的に見ればまったくの1体問題である（この種のことは2体以上の場合にも可能）。これが計算簡単化の一因である。

　さらに，一般にファインマンQEDでは，基礎方程式を書く代りに，いわゆる'ファインマン図'を先ず画き出す。これは電子や光子の入射・放出を表す'外線'，両者の伝播を表す'内線'，および陰・陽電子による光子の放出・吸収を表す'頂点'から成る。そして内線や頂点をそれぞれ'ファインマン伝播関数'，'頂点関数'で置き換えれば，ファインマン図に対応する過程の確率振幅が得られる。しかも，与えられたファインマン図は時空的に任意の仕方で歪めてもよく，このため，1個のファインマン図が物理的には互いに相異なる多くの過程を代表し得ることになる。これが摂動計算簡単化の第2の，そして最大の要因である。旧式の摂動計算で高次近似を経験したわれわれ老輩が，ファインマン方式の簡単さを知ったときの驚きのほどは，ファインマン図から素粒子論を始めた若者たちには，おそらく想像もできないのではなかろうか。

　ファインマン理論と同じ頃にわが国では，木庭・武田が，やはり陽電子を時間逆行の状態として表し，摂動計算を図式化することを試みている[127]。もっとも彼らの方法は従来の摂動計算に基づくものであり，中間状態を察知する上では有効であったが，計算の簡単化につながるものではなかった。しかしながら，次節で取り上げるダイソンの第1論文[104]は，その冒頭に脚註を

付し,"同種の図式化は木庭・武田によっても略述されている"と述べ,高く評価している。

本節の余話は梅沢博臣著『素粒子論』(四六判,全308頁)みすず書房(1953)についてである。ここでも電子場の量子化を上述のイワネンコたちの論文に帰している。おそらくこの著者もまた,本節冒頭で述べたと同じことを坂田から教わったのではなかろうか。ところで本書は,筆者の推測に過ぎないが,'素粒子論'と銘打った成書としては,世界初ではなかろうか。もっとも当時のわが国では'素粒子論'と'場の理論'はほとんど同義語とされており,筆者の学生時代に唯一読むことのできた'場の理論'の教科書としてウェンツェル(G. Wentzel)著の"Einführung in die Quantentheorie der Wellenfelder", Franz Deuticke, Wien (1943) が存在したことは確かであるが……。さて,この梅沢本については,後に再び取り上げることもあるので(§33),ここではその成立過程を説明しておきたいと思う。

1950年頃E研において梅沢が若手研究者に向けて一連の講義を行っていた。'若手研究者'とは主に(旧制の)大学院生であった。現在の大学院のような講義や試験や単位や学位とはまったく無関係で,たんに学部卒業後も大学に残って研究を続ける者の,いわば総称であり,'大学院'とはその'置屋'であった。それゆえ,彼らに対して講義を行うことは,まったく異例の出来事であった。梅沢が準備してきた原稿を基に,自由に討論を行うので,講義というよりは,むしろ報告者梅沢による連続セミナーと言ったほうが適当かもしれない。そこでの討論の中から新しいアイディアが生まれ,論文となったものも多くあった。

一例を挙げよう——筆者にとって最も印象深かったことの一

つでもある。ある日の主題は'場の方程式'の解法としての'ヤン-フェルドマン（Yang-Feldman）の方法'であり[128]、微分方程式を積分方程式に書き替えて論ずるものであった。一見して筆者には、この方法は正準形式では取り扱えないような、例えば非局所的な相互作用の場合にも適用できるのではと思えた。そこでそれについて発言すると梅沢は"それは面白い問題だ、一考に値する"と言い、結局、そこから多くの論文が書かれていくことになる。筆者自身はくりこみの仕事で多忙なため遠慮したが、一連の研究に参加した人々の名前を挙げれば、高橋、梅沢（以上名古屋），林（忠四郎），片山（泰久）(以上京都)，パウリ，ハイトラー-オラファティ（L. O'Raifeartaigh）(以上チューリッヒ)…となる。こうした議論の結果をまとめたものが上記の書となる。なお講義では採り上げなかった'S行列'（第17節）の草稿は筆者が書いた。

1953年秋，坂田のいわゆる"小さな（四六判）大著"を携えて梅沢は英国マンチェスター大学のローゼンフェルト（L. Rosenfeld）教授の許に赴く。この書の引用文献の，ローマ字で書かれた著者名から推して，これは場の理論関係の本らしいとローゼンフェルトは判断する。そして彼の斡旋により直ちに英訳・出版の運びとなる。これが H. Umezawa "Quantum Field Theory", North-Holland Pub. Co., Amsterdam（1956）全364頁である。当時のヨーロッパでも，この類の書は未だそう多くはなかったと思う。

第4章 ダイソン理論に向けて

§24 ダイソンの2論文（1）
——朝永, シュヴィンガーそしてファインマン

1949年ダイソンはくりこみ理論の全体的構造を明確にするような2篇の基礎的論文を発表する[104]。そしてその第1論文が, "The Radiation Theories of Tomonaga, Schwinger, and Feynman"と題されていたことは, すでに述べた（§20参照）。以下では, いかにしてこのような表題の論文が書かれるに至ったのか, まずはその由来を探索してみることとしたい。

そのためにとりあえず彼の経歴を一瞥しておこう[129]。ダイソン（Freeman John Dyson）は1923年, 英国の田舎クロウソーン（Crawthorne, Berkshire）に生れる。ウインチェスター（Winchester）カレッジを経て, 1941年ケンブリッジ大（トリニティ・カレッジ）へと進む。入学以前にエディントン（A. Eddington）の"The Mathematical Theory of Relativity"などを読んでいて, 大学では理論物理をと志していたが, そこでの物理にはいささか失望する。大抵の教授たちは軍事研究をやっていて面白くない。そしてほとんど大学に出て来ない。唯一の例外はディラックだったが, 彼の量子力学の講義は自著の教科書を読むだけで, これもまったく面白くない。因みに, 当時ケンブリッジにいて, 毎年ディラックの講義を聴講していたチャンドラセカール（S. Chandrasekhar）も, "ディラックの講義は, 教科書が書かれて以降はつまらなくなった"と述べていたのを記憶している。もっともディラック擁護の側には, 次のような一説もあることはある："量子力学の'最高'の解説は, すでに彼の教科書で与えられている。したがって一字一句でも違ったことを口にしたら, 定義により, それはもはや最高ではなくな

ダイソン

ってしまう"と。閑話休題。

ともあれ上記のような理由から，大学では数学を専攻することになる。戦時中は'空爆司令部'というような所で統計的な仕事に就く。戦後再びケンブリッジに戻るが，この頃にはやはり理論物理をやりたいと思うようになる。ハイトラーの本[10]を読み，場の量子論はケンマー（N. Kemmer）から教わる。米国に行きたいとの希望に対し，戦時中はロス・アラモスに行っていたテイラー（G. Taylor，流体力学）がベーテの居るコーネル大学（イサカ Ithaca, N. Y.）を強く勧める——そこにはロス・アラモスから移って来た若くて優秀な人が多いから，との理由で。イサカとは何処にあるのかまったく知らなかったけれども，とにかくその言葉に従うこととする。この選択は，今から考えるならば，QEDの歴史にとってまことに運命的なものであった。もしこの地に，この時期に彼がいなかったなら，QED史はまったく違った途を辿ったであろうからである。

1947年9月，こうしてダイソンはコーネル大にやってくる。初めてベーテ教授室で Ph. D. 学生としての面接を受けたとき，たまたまその場にファインマンも居合わせた。彼もまた，よう

第4章 ダイソン理論に向けて 103

やくロス・アラモスから解放され，本来の研究を再開すべくここへやってきたのであった。運命の悪戯と言うか，神の配慮と言うべきか，両者の親交はこの瞬間に始まり，彼はファインマン理論の展開を目の辺りにすることとなる。

もっとも本来は数学者であるダイソンにとって，方程式ではなく，直覚的に図から出発するファインマン流にはなかなか馴染めなかった。さらに'時空的アプローチ'とか'歴史の足し上げ（sum of histories）'といった珍奇な発想が次々と現れる。しかし，彼の人柄を知るにつれ，徐々にファインマン流思考法にも馴れてくる。常識的物理学者の理解を絶するファインマンQEDの最初の理解者は，おそらくダイソンだったのではなかろうか。

朝永との ── もちろん論文を通じての ── 出会いもまた劇的であった。これについてはすでに§20でダイソン自身の言葉を引いておいたので想起されたい。要するに，シュヴィンガーと同じ考えが5年も早く，戦乱の日本で朝永により提唱されていたとの事実を知り，驚きかつ感動したということである。またダイソンは第1論文の脚註で

> "朝永およびその協力者たちによる，なお未発表の論文は，1946年末までには，すべて完成されていたようである。これら日本の研究者たちが孤立させられていたことは，疑いもなく理論物理学にとって大きな損失であった"。

とも述べている。なお彼が実際に朝永に会ったのは，後者が1949年から1年間プリンストンのIASに滞在した折である。

最後に彼のシュヴィンガーとの出会いに移ろう。コーネル大

での2年目の，1948年夏，ベーテがミシガン大学（アナーバー Ann Arbor）での夏の学校（7月19日〜8月7日）に出席するように手配してくれる——そこで行われるシュヴィンガーの一連の講義を聴くようにと。ちょうどファインマンがアルバカーキ（Albuquerque, N. M.）までドライヴするというので同乗し，そこからアナーバーに向かった。ポコノ会議でのシュヴィンガーは8時間のマラソン講演だったらしいが，ここではそうした時間的制約はなく，細部にまでよく準備された素晴しい講義だったという。内容的にはQED 3部作[23]のI, IIに相当する部分が中心であった。

　講義後には，毎回すべての式を自ら検算し，それを用いて応用問題をも解き，さらには個人的にシュヴィンガーと会って意見を交すことができた。こういうときの彼は非常に親切で，磨き上げられた講義の背後にあるものまでも率直に語ってくれたという。このように夏の学校期間中は猛勉に猛勉を重ね，アナーバーを去る頃にはシュヴィンガー理論を完全に体得した，と実感したのであった。

　そして帰りの長距離バス（グレイハウンド）でのこと，別に紙や鉛筆を取り出さなくても頭の中に，シュヴィンガーQEDとファインマンQEDとの関係がはっきりと浮んできたというのである。あとはそれを書き下すだけ，そしてその論文の表題を，"The Radiation Theories of Tomonaga, Schwinger, and Feynman"としようと即座に決心したという。思えばこの3者との'出会い'は，すべてベーテ教授の配慮によるものであり感謝に堪えない，とダイソンは後に語っている[1]。

　コーネル大の1年は英国からの奨学金によるものであったが，2年目はベーテとオッペンハイマーの話し合いによりプリンス

トンのIASにゆくことになった。研究所のセミナーで上記のアイディアについて話したが，オッペンハイマーは同意しない。5回目のセミナーでようやくOKが出る。ファインマン理論については，当初米国でもそれほど疑問視されていたということである。論文執筆はおそらくその直後に始まったかと思われる。Phys. Rev.誌による2論文受理の日付は，それぞれ次のようになっている：1948年10月6日，1949年2月24日。

　以上をまとめ，次の言葉で本節を結びたい。まことにダイソンこそは，朝永，シュヴィンガー，ファインマンの理論およびその相互関係を，完璧なまでに理解した最初の人であった。彼の3者との邂逅は，それゆえ，くりこみ理論に向けてのまさしく予定調和ではなかったのか，と。

§25　ダイソンの2論文 (2)
　　　——くりこみ理論の基礎

　ダイソンが件の2論文で示したことは，次の2点に要約されよう：

　(i) 一般に異端視されていたファインマン理論が，正統的な朝永-シュヴィンガー理論と同等であること（第1論文），

　(ii) くりこみの方法が摂動近似の任意の次数においても機能すること（第2論文），

以上である。これについての筆者なりの理解を以下に略述しておく。

　まず (i) について。ファインマン理論は要するにS行列の計算の仕方をいわゆるファインマン図を基に規定する。他方ダイソンは朝永-シュヴィンガー方程式を積分し，S行列に対する

形式解を導く。そしてその数学的表式の各部分とファインマン図の各部分との間に '1対1対応' が存在することを示す。筆者などはファインマン論文を読んで一応は分ったと思ったのだが，個々の表式に，どのような係数，例えば $(2\pi i)$ や $n!$ などを付ければよいのかが分らず苦労した。しかしダイソンの公式からはそれらが自動的に出てくるので，大いに助かったことである。

次に (ii) について。朝永，シュヴィンガー，ファインマンは，くりこみの方法が摂動計算の2次，あるいは精々4次までで機能することを例示しただけであった。しかしダイソンは，その方法が任意の次数でも成立することを数学的帰納法で示し，くりこまれた量に対する最終的表式を与えた。彼によれば，くりこみは4種の量 $\delta m, Z_1, Z_2, Z_3$ に対して行われねばならない。ただし素電荷 e_0 へのくりこみは

$$e = Z_1^{-1} Z_2 Z_3^{1/2} e_0 \tag{25.1}$$

で与えられる。ここに Z_1, Z_2, Z_3 はそれぞれ，頂点関数，電子の伝播関数，光子の伝播関数に対するくりこみ係数である。

ダイソン理論の特徴は，朝永，シュヴィンガー，ファインマンでは，くりこみが加法的演算であったのに対し，Z_i ($i = 1, 2, 3$) や e におけるような乗法的演算が介入してくることにある（もちろん摂動低似では両者の区別は問題とはならないが）。

言うまでもなく，くりこみの操作はゲージ不変性と整合しなくてはならない。光子の自己エネルギーは，シュヴィンガーに依って0であると '証明' されている。また荷電くりこみ (25.1) に関連しては，次の問題が生じてくる。いま素電荷 e_0 をもつ荷電場が多種類存在するとしよう。くりこまれた後の理論もゲージ不変であるとするならば，それぞれの，くりこまれた

（素）電荷eもまた，すべて等しくなければならない。そこで表式（25.1）に着目する。定数Z_1, Z_2は，定義により，各荷電場に固有な量である。他方Z_3は電磁場に関する量であり，そこにはすべての荷電場が斉しく寄与している。したがって，すべての荷電場に対するeが等しくなるためには，$Z_1 = Z_2$がすべての荷電場に対して成立しなくてはならない。ダイソンはこの関係式を'予想'としたが，間もなくウォード（J. C. Ward）によって証明される[130]。今日，同式は'ウォードの恒等式'と呼ばれている。その結果，（25.1）は実質的に

$$e = Z_3^{1/2} e_0 \qquad (25.1)'$$

となる。

因みに初期のくりこみ関係文献では，電荷くりこみを質量くりこみの場合と同様に，$i\delta e \int \bar{\psi}\gamma_\mu \psi A_\mu d^3 x$のような引算項でもって処理していた。このように書くと，δeは荷電場と電磁場双方に依存するかのような印象を与え，ゲージ不変性の議論は大いに混乱したはずである。(25.1)'はそれゆえダイソン理論の長所の一つと言えよう。これを要するに荷電くりこみとは，結合定数の変更というよりは，電磁場に対するスケール変換だったのである。なおダイソンは数学（出身）者らしく，くりこまれたeによる摂動展開が収束するか否かをつねに気に掛けているが[131]，今日では一般に'漸近展開'だと考えられている。

例によっていくつかの余話を付記して，本節を終えることとしたい。その第1は，ダイソンの2論文を初めて読んだときの朝永の感想である："こういう論文は数学者にしか書けないね"だったとか——これは筆者が梅沢から聞いたこと。その第2はノーベル賞について。1965年度のノーベル物理学賞は朝永，シュヴィンガー，ファインマンの3人が受賞したが，ダイソンも

加えられてしかるべきだとの意見が一般であった。しかしノーベル賞は3人までという制限のため，残念ながらダイソンは外されてしまった。このことについて小沼（通二）がチェレーン（G. Källén, スエーデンのQED専門家）に問い質したところ，その返答は，"今回は（上記の理由で）除外されたが，彼ほどの人なら将来また別の問題で候補となるだろう"であったとか[132]。

余話の第3は筆者自身の想い出である。大学の卒論で，'フェルミ相互作用にはくりこみの方法が使えない'ことを示した筆者は[133]，大学卒業後も当面の研究テーマをくりこみ理論とし，これに関係のある論文にはすべて目を通すことにしていた。その過程で遭遇したのがこの2論文である。直覚的にこれは大論文だと判断した筆者は，1950年の夏休み，両論文を抱えて北陸の山間の自宅に籠り，徹底的に理解しようと試みた。筆者の研究経歴の中で，これほど精神集中をして読んだ論文は他にはない。夏休み全部を費した。以後，2論文は筆者のバイブルとなり，それを基にいろいろと論文を書くことができた。後年，日立主催の"量子力学の基礎と新技術"国際会議（第2回1986年）でプリンストン大のワイトマン教授と語り合ったとき，"QEDはあなたの青春でしたね"と言われたことである。因みに最近カイザーが[134]'1950年秋の東京留学中に（§7, §27参照），筆者が東京の人々からファインマン図の方法を教わった'かのように書いているが，それは正しくない――ダイソンの原論文から直接自分で学んだのである。

103―S. Tomonaga, *Phys. Rev.* **74**（1948）p. 224.
104―F. J. Dyson, *Phys. Rev.* **75**（1949）p. 486, 1736.

105―J. R. Oppenheimer and J. Schwinger, *Phys. Rev.* **60**（1941）p. 150.

106―W. Rarita and J. Schwinger, *Phys. Rev.* **60**（1941）p. 61.

107―J. A. Wheeler and R. P. Feynman, *Rev. Mod. Phys.* **17**（1945）p. 157; **21**（1949）p. 425.

108―文献 107 では宇宙が静的であるとしているが，膨張宇宙の場合も，いろいろと検討されている。例えば J. E. Hogarth, *Proc. Roy. Soc.* **A267**（1962）p. 365. F. Hoyle and J. V. Narlikar, *Ann. Phys.*（New York）**54**（1969）p. 207; **62**（1971）p. 44.

109―R. P. Feynman, *Phys. Rev.* **76**（1949）p. 749, 769.

110―シュヴィンガーについては宮沢弘成，『数理科学』サイエンス社，2012 年 3 月号 p. 72; ファインマンについては江沢洋，同誌，2012 年 1 月号 p. 56。

111―J. R. Oppenheimer, *Phys. Rev.* **35**（1930）p. 461. I. Waller, *Zeits. f. Phys.* **62**（1930）p. 673.

112―V. F. Weisskopf, *Phys. Rev.* **56**（1939）p. 72.

113―V. F. Weisskopf, "The birth of particle physics", eds. L. M. Brown and L. Hoddeson, Cambridge Univ. Press（1983）p. 56. これによると最初彼は 2 次の発散としていたが，ファリー（W. H. Furry）に間違いを指摘され，訂正の結果，対数的発散になったという。このことをファリーに発表するよう勧めたが肯んぜず，いまの形の発表となった。それゆえ，"この結果の発見者はファリーであって私ではない"とワイスコップは言う。清々しい話である。

114―N. M. Kroll and W. E. Lamb, *Phys. Rev.* **75**（1949）p. 388. 他方，ワイスコップらの論文は J. B. French and V. F. Weisskopf, ibid. **75**（1949）p. 1240. 論文受理の日付は前者より 2 ヶ月ほど遅れている。

115―山口嘉夫氏から聞いた話に基づいている。氏は CERN において所長のワイスコップの信任の厚かった人である。またこのことに関するワイスコップ自身の証言については文献 113 を参照されたい。

116―Y. Nambu, *Prog. Theor. Phys.* **4**（1949）p. 82. H. Fukuda, Y. Miyamoto and S. Tomonaga, ibid. **4**（1949）p. 121.

117―O. Hara and T. Tokano, *Prog. Theor. Phys.* **3**（1948）p. 316; **4**（1949）p. 103.

118―D. Iwanenko and A. Sokolov, *Phys. Zeits. Sowj.* **11**（1937）p. 590. さらに H. A. Kramers, *Proc. Amst. Akad. Sci.* **40**（1937）p. 814.

119―例えばボーア（N. Bohr）もニュートリノや中間子の導入は好きではな

かった．確かに一つのことを説明するために，新たに一つの仮定を導入するのは，あまり賢明な方法ではない —— という考え方もあった．

120—P. A. M. Dirac, *Proc. Roy. Soc. London*, **A126**（1930）p. 360；*Proc. Camb. Phil. Soc.* **26**（1930）p. 361.

121—J. R. Oppenheimer, *Phys. Rev.* **35**（1930）p. 939.

122—H. Weyl, "Gruppentheorie und Quantenmechanik", 2. Aufl. S. Hirzel, Leipzig（1931），英訳は "The theory of groups and quantum mechanics" tr. H. P. Robertson, Methaen, London（1931）；1950 年には Dover Publs. から再販．邦訳は『群論と量子力学』山内恭彦訳，裳華房（1932, 1942）；復刻版は 1977 年，現代工業社より．問題の議論は第Ⅳ章§12 に見られる．

123—P. A. M. Dirac, *Proc. Roy. Soc.* **A113**（1931）p. 61.

124—C. D. Anderson, *Science*, **76**（1932）p. 238；*Phys. Rev.* **43**（1933）p. 491.

125—W. Pauli and V. F. Weisskopf, *Helv. Phys. Acta*, **7**（1934）p. 709.

126—S. Weinberg, "The quantum theory of fields", Cambridge Univ. Press（1995）vol. 1, p. 23.

127—Z. Koba and G. Takeda, *Prog. Theor. Phys.* **3**（1949）p. 203；**4**（1949）p. 60．この両者には，ファインマン–ダイソン理論についても重要な寄与がある．一例ずつを挙げれば，ダイソンの 'P 積' を改良した 'P* 積' についての木庭の論文 Z. Koba, *Prog. Theor. Phys.* **5**（1950）p. 139, 696；またくりこまれた量で QED を再定式化した武田の論文 G. Takeda, ibid. **7**（1952）p. 359.

128—C. N. Yang and D. Feldman, *Phys. Rev.* **79**（1950）p. 972.

129—文献 1, 2 および 2014 年 4 月 17 日，東大カブリ数物連携宇宙研究機構で行われた "ダイソン教授を囲む会" における彼の談話，および福来正孝氏によるインタビュー Kavli IPMU News, no. 26（June 2014）pp. 22-30 に基づいている．

130—J. C. Ward, *Phys. Rev.* **78**（1950）p. 182．さらにその一般化は 'ウォード–高橋の恒等式' として知られている：Y. Takahashi, *Nuovo Cimento*, **6**（1957）p. 371.

131—F. J. Dyson, *Phys. Rev.* **85**（1952）p. 631.

132—小沼氏より直接聞いた．

133—S. Kamefuchi, *Prog. Theor. Phys.* **6**（1951）p. 175.

134—文献 3, p. 147.

第5章

E 研でのくりこみ研究

§26 くりこみ可能性条件

　1950年前後，名古屋の研究室（E 研）でくりこみ理論それ自体を研究テーマ（の一部）としていたのは，梅沢と筆者だけであった。おそらく梅沢は発散処理のための混合場の方法の延長として，より良い方法であるくりこみ理論へと，自ずと興味が移行していったのであろう。一方，筆者の場合は，先述のように，卒論テーマのごく自然な継続であった。因みにその卒論では，先述のようにフェルミ相互作用のくりこみ可能性を調べたのだが，ファインマン-ダイソン理論を知る以前であり，朝永-シュヴィンガー形式を用いた。高次近似に進むにつれて新しい形の発散項が現れ，それを相殺するための項が次々と増えてゆき，閉じた理論とはならないことを示唆しただけの，素朴な議論であった[133]。

　それはともあれ，上記のような次第で，自ずと2人の共同研究が始まった。ただダイソンの2論文に着目したのは，筆者のほうが先であったと思う。こうして1950年から翌年にかけて，

二つの仕事をした；すなわち1）くりこみ可能性条件[135]と，2）近似に依らない荷電くりこみ法[136]である。時期的には2）のほうを少し先にやったのだが，説明の都合上，上記の順序で話を進める。

　そこでまず1）について。すでに述べたように筆者は，くりこみ関係論文の出版にはつねに目配りをしていたのだが，1951年のある日，Phys. Rev. 誌にピーターマン（A. Petermann）とステュッケルベルク（E. C. G. Stueckelberg）による "Restrictions of Possible Interactions in Quantum Electrodynamics" と題するレター[137]を見つけた。そしてこの論法はQEDだけでなく一般の場合にも拡張できると直覚した。ダイソン論文を勉強していたので，一晩のうちに —— もっともほとんど徹夜だったが —— 次のような見通しを立てることができた。

　（i）場 $\phi^{(\ )}$ の単項式で一端から α 番目の因子を $\phi^{(\alpha)}$ と書き，これより成る系の相互作用ハミルトニアン（密度）$H_{\text{int}}(x)$ を

$$H_{\text{int}}(x) = f \prod_\alpha \partial^{a^{(\alpha)}} \phi^{(\alpha)}(x) \qquad (26.1)$$

とする。ここに $\partial_\mu \equiv \partial/\partial x_\mu$ とし，$\partial^{a^{(\alpha)}}$ とは $\phi^{(\alpha)}$ に作用する微分演算子 ∂_μ の総数が $a^{(\alpha)}$ 個であることを示す。また場 $\phi^{(\alpha)}$ のファインマン伝播関数 $S_{\text{F}}^{(\alpha)}$ を

$$S_{\text{F}}^{(\alpha)} = [\text{const.} \partial^{b^{(\alpha)}} + (\partial \text{の低次の項})] \Delta_{\text{F}}(x) \qquad (26.2)$$

とする。ここに $b^{(\alpha)}$ は微分演算子 ∂_μ の総数とし，const. は無次元となるように $\phi^{(\alpha)}$ が規格化されているとする。ファインマンデルタ関数 $\Delta_{\text{F}}(x)$ は，質量 $m^{(\alpha)} = 0$ の場合には $D_{\text{F}}(x)$ となる。このとき，もし

$$K \equiv 4 - \sum_\alpha \left(a^{(\alpha)} + \frac{1}{2} b^{(\alpha)} + 1 \right) \geq 0 \qquad (\text{I})$$

ならば，S 行列に現れる発散項の型（ダイソンのいわゆる primitive divergence）は，摂動の高次でも有限個に留まる。これに反し，もし

$$K < 0 \qquad (\mathrm{II})$$

ならば，摂動の高次に進むにつれて，発散項の型は限りなく増大してゆく。ここまでは結果的に文献 137 とほぼ同じである。

（ii）（I）の条件が満たされるときの発散項を演算子の形に書くとき，これもまた条件（I）を満たす。

（iii）相互作用ハミルトニアンが多数項存在し，$H_{\mathrm{int}} = \sum_l H_{\mathrm{int}}^{(l)}$ の場合にも，各 $H_{\mathrm{int}}^{(l)}$ に対する $K^{(l)}$ が（I）を満たす場合には，事情は単一項の場合と同様である。

（iv）数個の場が共存する場合，これらの場から形成される相互作用で条件（I）を満たすものの種類は有限個である。したがって，これらの項をすべて足し上げたラグランジアン L から出発するならば，摂動計算に現れるいずれの発散項も L の中の適当な項にくりこむことができ，閉じた理論となる。すなわち条件（I）はくりこみ可能性に対する十分条件である。

（v）これに反し $H_{\mathrm{int}} = \sum_l H_{\mathrm{int}}^{(l)}$ 中に 1 個でも条件（II）を満たすものが存在するならば，対称性などの他の制約のため発散項の相殺が起こらない限り，理論はくりこみ不可能となる。

2,3 の例を挙げよう。電子に対する QED では $K = 0$，ただしパウリ項 $(\bar{\psi}\sigma_{\mu\nu}\psi)F_{\mu\nu}$ は $K = -1$。ψ, ϕ をそれぞれスピン 1/2, 0 の場とするとき，湯川相互作用 $\bar{\psi}\psi\phi$ は $K = 0$，フェルミ相互作用 $(\bar{\psi}\psi)(\bar{\psi}\psi)$ は $K = -2$，ϕ^4 項は $K = 0$，ϕ^3 項は $K = 1$ となる。

この結果に興奮した筆者は，翌朝早々に梅沢の下宿に飛び込んだ。パジャマにガウンを羽織って出てきた彼は，しばらく筆

者の計算を眺め，自らも多少の計算をした後呟いた："君，この K による相互作用の分類は，ハイゼンベルクの第1種，第2種と同じだよ"と[138]。筆者は発散を問題にしていたので H_{int} の演算子部分のみに着目していたが，彼は H_{int} の結合定数のほうに着目したのである。容易に分るように $[f] = [L^\eta]$（ただし $c = \hbar = 1$）とするとき $\eta = -K$ となる。つまり，ハイゼンベルクのいわゆる'第1種相互作用（$\eta = 0$）'はくりこみ可能，'第2種相互作用（$\eta > 0$）'は一般にくりこみ不可能，ということになる。

ただしハイゼンベルクは第1種として $\eta = 0$ の場合のみを考えたが，以下では $\eta < 0$ をもこれに含めておくことにする。因みに相対論的場の量子論で $\eta < 0$ となるのは，ϕ^3 型相互作用（$\eta = -1$）の場合に限られる（ここでは発散は摂動の1次と2次のみに現れ，いわゆる'超くりこみ可能'となる）。

ここで本題からはしばし逸れるが，ハイゼンベルクの相互作用の分類について一言しておこう。相互作用の結合定数が無次元（$\eta = 0$）の場合と，長さの次元をもつ場合（$\eta > 0$）とでは，摂動の高次の項の振舞いが定性的に異なるという主張である。簡単のため，系の大局的振舞いがその全エネルギー E によって支配されるとしよう。いま物理量 A の期待値に対する n 次近似を $\langle A \rangle_n$ と書くとき，$\langle A \rangle_n / \langle A \rangle_0$ は無次元であり，$\langle A \rangle_n \propto f^n$ であるから，$\langle A \rangle_n / \langle A \rangle_0 \propto f^n E^{\eta n}$ となる。したがって高次近似の振舞いは，$\eta = 0$ の場合には最低近似とほぼ同様であるが，$\eta > 0$ の場合には E 依存性が n と共に急激に増大する。ハイゼンベルクは，上述のように，$\eta = 0$ の場合を第1種，$\eta > 0$ の場合を第2種と呼んだのであった。

因みにこの論文は1939年のソルヴェイ会議で発表される予

定であったが，当の会議は第2次世界大戦の勃発が予想されたため急遽中止となる。この会議に招待されていた湯川も，欧州には到着したのだが，そのままライプツィヒ留学中の朝永らとともに空しく帰国する。朝永によると[139]，湯川の許には会議の予稿集が送られてきており，帰国後彼はそれを謄写版刷りにして，朝永や坂田に配布したという。1950年頃のE研で，梅沢・河辺と筆者の3人が，ハイゼンベルクの全論文を読もうと計画し，その一環として，この謄写版刷りでハイゼンベルク論文を読んだのであった。したがって筆者も，彼の分類については知っていたはずなのだが……。なお，この論文は，もちろん『ハイゼンベルク全集』こと "Werner Heisenberg Gesammelte Werke" (Piper, München, 1984) 第一巻に掲載されているが，本印刷になったのは，あるいはこれが初めてなのかもしれない。本題に戻る。

　筆者が早朝に梅沢の下宿を訪れたその日の午後，筆者ら2人はさっそく坂田に上述の結果を報告した。すると坂田は異常な関心を示した。というのも，かねてより彼は'相互作用の構造'なるものを唱道していたからである[140]。彼の言わんとするところは次のようであったと筆者は理解している：'QEDでくりこみ理論が成功した，成功したと言っているが，なぜそこに，例えばパウリ項（磁気能率による相互作用で，先述のように $K = -1$）を加えてはいけないのか。それを排除する理由は何なのか。その理由が解明されない限り，くりこみ理論が成功したとは言えない。現在のところ，場の相互作用を決定するための条件としては，相対論的不変性くらいしか知られていない。このような形式的な条件ではなく，もっと物理的な条件が探索されねばならない'といった主張である。筆者らの見出した条件は，

まさに彼の求めていた類のものだったのである。

そこで，このような坂田の哲学をも加え，"坂田・梅沢・亀淵による3者で論文を書こう"，と坂田が提案した。これに対し梅沢は最初，"いいえ，論文は2人で書きます"と言い張ったのだが，結局は現在のような3者論文の形に落ち着いた。しかし坂田が後にこの仕事を引用するときには，つねに'梅沢・亀淵の仕事'としていたようである。

本節の余話は二つ。まずはハイゼンベルクのこと。後年梅沢が初めてハイゼンベルクに会ったとき，彼の言うには，"いろいろな文献であなたの名前を見掛けるとき，私はいつもあなた方の3者論文のことを思い出すのです"と。"そう言いながら彼はにこにこして嬉しそうに見えた。おそらく自らの先見の明がよほど嬉しかったのであろう"とは，梅沢の忖度である。

第二は最近大栗（博司）氏がこの古い論文を発掘し，'美しい定理'として現代的観点から見直してくれたこと[141]。'くりこみ可能性の判定条件が極めて簡単な形をとる'，ということが'美'であるらしい。とすると，この美の発見者は梅沢となる。また，大栗氏によれば'場の量子論は数学的基礎が脆弱であり，将来あるいは廃棄されるかもしれないが，件の定理は数学的によく定義されたファインマン規則に関するものであり，その後もなお生き延びるであろう'との由。もしそうならばまことに結構なこと：亀は万年，死してもなお甲羅を留む――か？

§27 近似によらない荷電くりこみ

始めにお断りしておくが，表題を'荷電くりこみ'としたが，これはいわゆる'真空偏極'項の一部であり，以下では真空偏

極一般を中心に話を進める。

　前節で述べた仕事の直前,正確には1950年度の2学期を,これまでもたびたび触れたように,筆者は東京で過ごした。事の詳細はこうである。1950年頃,坂田教授が中部日本新聞社からいくばくかの研究費の寄贈を受けた。E研ではこれを基金として,数カ月間,外部から研究者を招いたり,E研の人を外部に派遣したりする,いわゆる内地留学を行うことにした。その一環として梅沢が東京に行くこととなったのだが,東京には彼の両親宅があり生活費はほとんどかからない。そこで余分のお金でもって,"君も一緒に来ないか"ということになった。かねがね一度は朝永ゼミを覗いてみたいと思っていた筆者は,もちろんその申し出を受け入れた。こうして2人は一緒に上京する。

　名古屋から東京までの列車は急行だったと記憶するが,当時の東海道線は未だ全線電化はなされておらず,東京までは6時間余りを要した。物理の議論をするには十分な時間である。そこで筆者は真空偏極の問題をもち出した——"真空偏極は近似をしなくても,一般論ができるのではないですかね"と。この筆者の発言は,以下のような既知の理論的結果に基づくものであった:(i) 偏極を起こす荷電粒子のスピンが0, 1/2, 1の場合,摂動の2次では,誘起電流に対する表式が同一の公式にまとめられること[88];(ii) スピンが0, 1/2, 1の場合にはその公式の結果として,さらにはスピンが3/2の場合にも[142],荷電くりこみ項が$\delta e < 0$となること[143];(iii) スピン1/2の場合には摂動の4次でも$\delta e < 0$であること[144],以上である。

　当時筆者らは,高橋を中心にして,核子の周りの中間子固有場を,(近似はせずに)ハイゼンベルク演算子でもって表現することを試みていた[37]。そのため,真空偏極の現象,すなわち真

空に外場 $A_\mu^{(e)}$（あるいは電流 $j_\mu^{(e)}$）を作用させたときに誘起される電流 δj_μ を，ハイゼンベルク演算子でもって表現するのには，さほどの困難も覚えなかった。そこで梅沢はやおら紙片を取り出して，式を書き始めた。他方，筆者は傍らでそれを覗き込みながら，ああだ，こうだと口出しをしていた。

こうして2人は東京に着くまでに，梅沢・河辺の2次近似の公式に似た式を，厳密な，しかも任意の荷電場に対しても妥当するような形に書き下すことに成功した。残る仕事は，導出法を洗練し，その物理的内容を吟味することであった。このような次第で筆者らの東京滞在中の研究課題は決った。

その在京中のわれわれの成果をまとめれば次のようになる[136]。任意の荷電場の電磁相互作用において，電磁場 A_μ を $(A_\mu + A_\mu^{(e)})$ で置き換える。ここに $A_\mu^{(e)}$ は外場とする。このとき $A_\mu^{(e)}$ について1次の項を $j_\mu A_\mu^{(e)}$ と書く。このとき外場 $A_\mu^{(e)}$ によって誘起される電流 δj_μ の中，$A_\mu^{(e)}$ について1次の項は

$$\delta j_\mu(x) = i \int_{-\infty}^{\sigma} \langle [j_\mu(x), j_\nu(x')] \rangle_0 A_\nu^{(e)}(x') d^4 x'$$

$$\equiv \int_{-\infty}^{\sigma} K_{\mu\nu}(x-x') A_\nu^{(e)}(x') d^4 x' \qquad (27.1)$$

となる。ここに σ は世界点 x を含む空間的曲面（時間 t に相当）であり，$\langle \cdots \rangle_0$ は真空期待値を表す。上式は要するに'線型応答'に対する公式であり，物性論では後に'久保公式'として重用されたようであるが[145]，素粒子論では他にさしたる用途がなかったのか，以後まったく顧みられることはなかった。

次に上式 (27.1) をローレンツ・ゲージ・荷電共役の各変換の下での不変性および演算子 j_μ のエルミート性を用いて変形してゆくと，最終結果は，$j_\mu^{(e)} = -\Box A_\mu^{(e)}$ として

$$\delta j_\mu(x) = \sum_{n=0}^{\infty} a_{n+1} \square^n j_\mu^{(e)}(x) \qquad a_n < 0 \qquad (n=1,2,\cdots)$$

(27.2)

となる。言うまでもなく、上式は多数個の荷電場が共存する場合にも同様に成立する。

上式中、とくに a_1 は荷電くりこみの項に相当し、既出の式 (25.1)′ を用いれば $a_1 = (e-e_0)/e_0 = Z_3^{1/2} - 1 < 0$, すなわち $Z_3 < 1$。この関係は後にレーマン（H. Lehmann）によっても証明されている[146]。また、すべての荷電場に対して a_1 が同一符号をもつということは、混合場の方法がたといかなる荷電場を導入しようとも、摂動計算では、発散する荷電くりこみ項を相殺できないことを示している。混合場の方法の限界である。

他方、$a_n (n \geqq 2)$ の項は観測可能な、いわゆる 'ユーリング（Uehling）項' に対応する[147]。実際、例えばラム・シフトの計算には、この項が利いてくる：その寄与は $\approx -27\,\mathrm{Mc/sec}$ とか。

上記の $a_n < 0$ の証明には、通常の 'スペクトル表示'[146,148] におけると同様な議論をしている。この場合、スペクトル関数に相当する $|\langle |j_\mu|0\rangle|^2$（ただし $|0\rangle$ は真空状態、$|\rangle$ はその他の状態）が a_n の符号決定に重要な役割を演じている。しかしわれわれの与えた a_n に対する表式は非共変的で稚拙であり、到底チェレーン（G. Källén）やレーマンの共変的でスマートな表式には及ばない。そのため式（27.2）中にそれを含めることは遠慮した。スペクトル表示の先駆けとしてわれわれの論文[136]がしばしば文献に引用されているようであるが、上のような事情から、まことに気恥しく感じている次第である。

しかし、ハイゼンベルク演算子を用いて物理量を近似ではなく厳密な形で表現するという方法は、その後チェレーン、レー

マン，ゲルマン-ロウ（Gell-Mann-Low）[149]らによって継承・展開され，徐々に理論の主流ともなってゆく。とくにチェレーンはつねに筆者らの論文を引用してくれていたし，公理的場の理論開祖の一人ワイトマンは"あなた方の論文は公理的場の理論の嚆矢だった"とも言ってくれた。

例によっていくつかの余話でもって，本節を終えることとしたい。その第一はレターのこと。東京から名古屋に帰るや否や，筆者らは上記の結果をまとめたレターを書き，Phys. Rev. 誌に投稿した。しかしそれは，次のような査読者の意見を添えて送り返されてきた：曰く"何らの計算もしないで，このような結果が得られるとは思えない"と。何分にも当時はファインマン図を用いての近似計算の全盛時代であり，査読者にとっては，ファインマン図が出てこないものは'計算'ではなかったようである。そこでわれわれはレターは諦め，直接本論文を書き P. T. P. 誌に投稿したのであった。

余話の第二は朝永のプリンストン便り。坂田教授に宛てた 1950 年 1 月 10 日付の手紙であり[150]，その一部を以下に引く：

> "さて昨年の暮近くパウリがやって来ました。パウリという人はずんぐりとして仁科先生，チャーチル，吉田茂という様な恰好の人です，……
>
> セミナリでは非常に辛辣で賛成しないことはノーノーノーを連発します。……
>
> パウリはレギュレーターのリアリスチックな解釈という方向に望みを嘱している様です。梅沢，山田，湯川の考え方は面白いと云っています[85]。但し，チャージリノーマリゼーションの無限大はこの考えで救えないのだが，パウリ

はこのリノーマリゼーションがフェルミオンのときもボゾンのときも同じ符号（負）になるということは，高次近似まで入れてもそうだろうかどうだろうかと云っています。

　（フェルミオンのとき高い近似まで入れても電荷のリノーマリゼーションがマイナスなことはシュヴィンガーが証明したとかしないとか．しかし普通のダイエレクトリックスの場合，その偏極は何時もみかけ上の電荷をへらすように起るというレンツの法則からアナロジーで多分いつでもこれは負だろうとか，そんな話がガヤガヤ出て，私には結局何が何だかわからなくなりました）．……"

要するにわれわれの論文は，このパウリ問題に対する最終的な解答を与えるものであった．（もっともこの手紙のことは2人ともまったく忘れていて，仕事を終えてかなり経った頃にようやく思い出したのであった．）しかしながら朝永はこのわれわれの論文を読んではいなかったらしい．1967年10月に開かれた第14回ソルヴェイ会議"素粒子物理学の基礎的諸問題"でチェレーンが講演し，例によってわれわれの論文を引用した．講演後，朝永が傍らの梅沢に"あんた方はその論文で，いったい何をやったのか"と尋ねたというのである——嗚呼．

以上くりこみ理論についての二つの仕事は，いずれも筆者の問題提起から始まったものであった．しかし梅沢の協力なしでは今日見るような形にはまとまらなかったろうと思う．研究中に享受した啓迪（けいてき）のほどを，ここに明記し謝意を表しておく．

§28 くりこみ理論と坂田昌一

坂田・原のC-中間子論は，光子による電子の自己エネルギーにおける発散項を，C-中間子による発散項でもって相殺させる方法であった[4]。これは言わば，質量くりこみという操作を，人手に依らずに物理的存在によって代行させる機構だとも言える。しかし先述のように，この種の方法は荷電型の発散の処理には無力であった。この場合の発散項はつねに同符号（負）をもつので，その相殺を特定の荷電場でもって代行させることは本来不可能だったのである（§27参照）。しかしながら朝永は，こうした情況をまったく異なる観点から眺めていた。質量型と荷電型，この両種の発散が，形式的には，同一の方法——くりこみ——によって処理できることを見通していたのである。

坂田はかねがね'物の論理'と'形の論理'という言葉を口にしたが[151]，これを筆者は次のように解釈している。前者は，その時点で知られている物理的法則性であって所与の制約であるのに対し，後者は理論形式の選択上の方針であり，本質的に人間側の自由に委ねられている。このことをQEDにおける発散問題について言うならば，坂田は'物の論理'的に，朝永は'形の論理'的に問題を捉えていたということになる。

その結果，坂田はその時点で常識とされていた物の性質にこだわり過ぎ，それによって行手を阻まれてしまい，朝永が行ったような形式的——したがって純理論的な——飛躍を行うことができなかった。物理理論の発展過程においては，しかしながら，ときに形式的な飛躍が要請され，飛躍後の理論が予言する'新しい物'の性質が実験事実と合致するとき，物理的内容はより豊かとなり，結果としてより高次の物理法則，すなわち'高

次の'物'の論理が形成されることとなる。このようにして，言わば形の論理が物の論理にくりこまれて'新しい物'の論理が生れ，新しい理論へと導くのである。

坂田物理におけるこのような性向は，彼のいわゆる'坂田模型'[152]の場合にも，さらに尖鋭な形で顕在化する。この模型では，すべての（ハドロン）物質が現実の P（陽子），N（中性子）および Λ（ラムダ粒子）によって構成されると想定する。しかしこの模型は中間子族の場合には機能したが，バリオン族に対しては実験事実に整合しなかった。

これに反しゲルマンは[153]，基本粒子 P, N, Λ の代りに u, d, s を考え，これらを理論構成上の数学的符牒と見なした。これにより u, d, s はその時点における物理法則からは完全に自由となり，形式上の飛躍を可能にした。そのため例えば u, d, s の電荷が素電荷 e ではなく，それぞれ $(2/3)e, (-1/3)e, (-1/3)e$ だとする大胆な仮定も許された[154]。その後，このゲルマン模型のほうが実験事実をよく説明できることが判明し，u, d, s はもはや数学的な符牒ではなく，物理的な実在として認知されるに至る。これがいわゆる'クオーク模型'である。

§26で述べたくりこみ可能性条件の仕事の直後，筆者は当時知られていた素粒子現象を，すべてくりこみ可能な相互作用でもって説明できないかと考え，まずはフェルミ相互作用（$K = -2$）をくりこみ可能化することを試みた。この相互作用に含まれている4種のスピノール場を2対に分け，それらを（擬）スカラー場で結合する模型である。この考えを坂田に話したところ，そういう模型はすでに谷川によって提案されている[155]と告げた後，くりこみ可能性を素粒子論の基礎とすることには猛然と反対した。その論拠は以下の通りである。

"くりこみ法は,要するに,人間側の都合に合わせた操作に過ぎず,自然の論理を反映するものではない。私どもが今なすべきことは,くりこみ可能な模型などではなく,むしろくりこみが不可能な第2種相互作用の研究であろう。そこに現れる矛盾の検討を通じて,例えばハイゼンベルクの'普遍的長さ r_0'の必然性が解明されるかもしれない"と。ここに'r_0'とは,1938年ハイゼンベルクが場の量子論の適用限界として導入した'最小の長さ'のことである[156]。しかしながら,こうした情況の中で梅沢は,当時知られていた素粒子現象を分析し,'第2種相互作用は存在するか'を問う論文を書き[157],これが彼の博士論文となった。

くりこみ可能性を素粒子相互作用を決定する上での指針とする考えは,その後,1955年シュウェーバー,ベーテおよびド・ホフマン(F. de Hoffmann)の教科書でも提唱される[158]。さらに下って現在の素粒子論における'標準模型'では,くりこみ可能性が原理の一つにまで高められている。ただ,その中で坂田の'相殺の方法'は,量子論特有の'異常項(アノーマリー)'の相殺にその姿を留めている[159]。その意味では,現在の標準模型は,朝永と坂田の方法によって支えられているとも言えるかもしれない。

素粒子論の趨勢はこのように,坂田の望んだものとは異なる方向に進みつつある。もし彼がこの状況を観るとしたら,どのように思うであろうか。それはともあれ,いかにくりこみ反対の彼であっても,くりこまれた QED の与える定量的結果と実験値との一致が,驚くべき精度に達しているという事実は認めねばなるまい。一例を挙げると,電子の異常磁気能率を表すパラメーター $a \equiv (g-2)/2$ は,現在のところ摂動の10次まで計算されていて[160]

$$a(\text{theory}) = 1159652181.78 \times 10^{-12}$$

であり，実験値 $a(\exp)$ との差は

$$a(\exp) - a(\text{theory}) = (-1.05 \pm 0.82) \times 10^{-12}$$

との由。おそらく全物理の中で，これに比肩するような精密度の理論は，古今東西，他にないのではなかろうか。

ただ，こうした事実について坂田の遺した印象的な言葉がある。1950年代前半のある日，2人だけで話し合っていたとき，彼が何気なく口にした言葉である。記憶に基づく筆者なりの表現ではあるが，それを記して本節の結びとする：

　　"QEDのくりこみ理論は，量子論の発展史で喩えれば，ちょうどボーアの原子模型のような段階ではないですかね。その定量的結果は，将来，量子力学に相当する合理的な理論によって，まったく別の観点からそのまま再現されるだろうという意味で——なのですが。"

けだし至言である。

135—S. Sakata, H. Umezawa and S. Kamefuchi, *Phys. Rev.* **84**（1951）p. 154; *Prog. Theor. Phys.* **7**（1952）p. 377.

136—H. Umezawa and S. Kamefuchi, *Prog. Theor. Phys.* **6**（1951）p. 543.

137—A. Petermann and E. C. G. Stueckelberg, *Phys. Rev.* **82**（1951）p. 548.

138—W. Heisenberg, *Solvay Bericht, Kap.* III, IV（1939）.

139—朝永振一郎，『スピンはめぐる』，自然選書，中央公論社（1974），第12話（最終講義）。なお本書には'新版'がある：『スピンはめぐる―成熟期の量子力学』江沢洋注，みすず書房（2008）。

140—坂田が初めてこの語を用いたのは1951年2月のREKS（素粒子論研究班関西地方連絡会）の研究会においてであった。なお詳細については坂田

昌一，文献20, p. 244。他方，高林（武彦）はこのことを相互作用に対する'統制原理'と呼んでいた。いずれにせよ，ゲージ原理の重要性が認識される以前のことである。因みに"坂田物理には対称性が欠落していた"とは梅沢説である。しかし周知のように現在の素粒子論では，対称性が相互作用の決定への基本的要請となっている。かの坂田模型に対称性を導入したのは大貫（義郎）の功績である。

141―大栗博司,『この定理が美しい』数学書房編集部編, 数学書房（2009）p. 48.

142―S. Kanesawa, *Prog. Theor. Phys.* **5**（1950）p. 492.

143―もっともスピン1の場合には，発散積分の不定性のため，$\delta e > 0$ とする説もあった：片山泰久,『素粒子論研究』1（1949）p. 81; J. McCornell, *Phys. Rev.* **81**（1951）p. 275.

144―R. Jost and J. M. Luttinger, *Helv. Phys. Acta*, **23**（1950）p. 201.

145―中野藤生,『物性論研究』84号（1955年5月），p. 25; R. Kubo, *J. Phys. Soc. Jpn.* **12**（1957）p. 570.

146―H. Lehmann, *Nuovo Cimento*. **11**（1954）p. 342.

147―E. A. Uehling, *Phys, Rev.* **48**（1935）p. 55.

148―G. Källén, *Helv. Phys. Acta*, **25**（1952）p. 417.

149―M. Gell-Mann and F. E. Low, *Phys. Rev.* **95**（1954）p. 1300.

150―S. Tomonaga, "Scientific papers of Tomonaga" vol. 2, ed. T. Miyazima, みすず書房（1976）p. 426;『素粒子論研究』2（1950）no. 1, p. 196. なお名古屋大学坂田記念史料室に原文が保存されている。

151―例えば，文献20, p. 71.

152―S. Sakata, *Prog. Theor. Phys.* **16**（1956）p. 686.

153―M. Gell-Mann, *Phys. Letters*, **8**（1964）p. 214.

154―ゲルマン自身も当初，素電荷よりも小さい電荷の粒子を導入することに思い悩んだという。これについては当時彼の研究室に居た原の証言がある：原康夫『素粒子物理学』裳華房（2003）p. 164。なお坂田模型におけるU(3)対称性の提唱者大貫（義郎）によると，坂田模型のクオーク模型への途を塞いだのはまさに素電荷の問題だったという：「坂田模型50周年国際シンポジウム」2006年9月25-26日（於名古屋大学）における質疑応答より。なおこの会議のProceedingsは *Prog. Theor. Phys. Supple.* no. 167（2007）。

155―谷川安孝,『日本物理学会誌』17（1943）p. 597; Prog. Theor. Phys. 3

(1948) p. 338. 2種のスピノール場対を媒介する粒子は,今日'谷川ボゾン'と呼ばれることがある。

156—W. Heisenberg, *Annalen d. Phys.* **32**（1938）p. 20.

157—H. Umezawa, *Prog. Theor. Phys.* **7**（1952）p. 551.

158—S. S. Schweber, H. A. Bethe and F. de Hoffmann, "Mesons and fields" Rows, Peterson and Co., Evanston（1955）vol. 1, sect. 23, とくに pp. 332-333.

159—場の量子論でときに出現する異常項は,対応する古典論のもつ対称性を破る。この項はさらにくりこみ可能性を損なうこともあり,複数の異常項が互いに相殺し合って消失することが望ましい。素粒子の標準模型における各世代の構造は,この相殺条件を満たしている。このように'矛盾の消去が模型を決定する'ことは,結果的に,坂田の方法が希求する状況を生んだ。文献としては C. Bouchiat, J. Iliopoulos and Ph. Meyer, *Phys. Letters.* **38B**（1972）p. 519; D. J. Gross and R. Jackiw, *Phys. Rev.* **D6**（1972）p. 477.

160—青山龍美・早川雅司・木下東一郎・仁尾真紀子,『日本物理学会誌』**69**（2014）p. 376.

第6章

断想若干

§29 '木庭さん'との日々（1）
── 京都・コペンハーゲン・ワルシャワ

　木庭（二郎 1915-1973）については，朝永の片腕として朝永QEDやくりこみ理論の確立に大いに貢献したことは，これまでたびたび述べてきた。それ以降も高エネルギー物理学において数々の業績を挙げたが，筆者のもっとも感銘を受けたのは，終生にわたって自己の思想・信条を貫き通した意志の人だったことである。加えてわれわれ後輩に対しては非常に優しくかつ親切で，まさしく内剛外柔の人でもあった。

　本文ではこれまで大先輩たちを斉しく敬称略で一貫して来たが，上記表題で'木庭さん'としたのは，次のような特殊事情による。筆者が初めて親しく言葉を交すようになったのは，氏の京大・基礎物理学研究所（以下「基研」）教授の頃からだったと思う。研究者としては駆け出しだったから，最初'木庭先生'と呼び掛けた。すると"私はあなたに何かを教えたことがありましたか"と返され，以後は唯一の解として，'木庭さん'に落

コペンハーゲンでの木庭二郎

ち着いたのであった。なおこのことは他の若い人々に対しても同様だったようである。それゆえ以下においても，適宜この呼称を用いることとしたい。

まず氏の略歴について述べておく。1927年，7年制の東京高校の尋常科（旧制中学に相当）に入学するが，思想上の問題から退学となり，高等科（旧制高校に相当）に進めず。その後山形高校を経て，'42年10月東大物理学科に入学，'45年9月卒業。特別研究生（1943年10月に設けられた制度で，兵役が免除され，助手なみの給料が出た）を経て'47年10月物理教室助手に。'49年8月阪大助教授，'54年11月「基研」初の教授となる。このポストは（5±2）年の任期付きであり，ちょうど5年後の'59年に退転し，ポーランド科学学士院客員としてワルシャワ大学原子核研究所へ。'64年にはコペンハーゲン大学ニールス ボーア研究所に移るが，'73年9月同地にて客死。なおさらなる詳細については，氏の逝去後に種々の雑誌が追悼・回想文特集を編み，上記各時期をよく知る人々が執筆しているので，それらを参照されたい[161,162]。またポーランド時代については，後に文献163によって補足されている。

以下においてはこれら文献を参照しつつ，筆者自身の感想や体験について上記副題の順を追って認めてみたい —— まずは京都から。筆者が「基研」に出入りし始めたのは，その草創期の頃からである（もっともそれ以前にも'湯川記念館'での研究会にはしばしば参加していたが）。「基研」初の教授としての木庭は，まずP.T.P誌の編集を委された。前任者の小林（稔）がプリンストンに行ってしまったからである。しかしもっとも気を遣ったのは，わが国初の'共同利用研究所'（全国の研究者が利用できる）をいかに運営するか，その原型を創ることではなかったかと思う。また素粒子論という新しい学問が一般に市民権を得るためには全国の研究者を一体化する必要があり，その媒体として『素研』誌の発行をも企てた。その際，関東では中村（誠太郎）が，関西では井上（健）がそれぞれまとめ役となり，木庭は中央にあって司令塔の役を果した[164]。当初の『素研』誌は物理学会分科会の予稿集だったが，"（こういう）ぜいたくを敢えてしたのは，中間子討論会以来の伝統をもった素粒子だけだったのではないか"，と木庭は述懐する[164]。

　こうした先輩たちの苦労の程も露知らず，われわれ後輩はその果実だけを享受し，よく学びよく遊んだ。学びは勿論のこと，遊びに対する木庭の援助もまた大であり，お陰で例えば後に詳述するように（§32），研究会での戯劇上演なども行えたのであった。当時は'白川学舎'（研究所の客員宿舎）などはなく，若手たちは研究室の隅に置かれたベッドで休んだ —— いろいろと不便ではあったが，他大学の人たちと親しくなれたという副産物もあった。

　木庭さんとの交わりの第二場はコペンハーゲンである。1956年，氏は世界一周を行う。米国で半年ばかり過した後欧州へ，

11月17日コペンハーゲンに現れた。実は筆者も同年10月始めからこの地に来ていたのだが，知らせを受け，その前年から滞在していた田村（太郎，原子核理論）氏とともに中央駅に迎えに行った —— と日記にはある。滞在は3週間くらいとのことで，筆者の住んでいた安宿（Pension Øst：独身者向けの食事付下宿屋[パンションエスト]）に案内した。ここにはすでにWHOのお医者さんなど数名の日本人が居り，木庭さんもこの日本人社会の一員となったわけである。誰かが醬油を手に入れたというので，夜は不在となる女主人の台所を無断借用し，すきやき（もどき）を作って一緒に食べた。席が騒々しくなっても木庭さんは，笑みを湛えながらも一人静かであった。

ニールス ボーア研究所も歓待した。12月1日，N. ボーアの秘書シュルツ夫人が筆者に"4時にボーア教授が木庭に会いたいと言っているが，彼はいまどこに居るか"と訊く。探してみたが見当たらない。4時少し前にようやく見付かり，2人で所長室へ。しかし実は"自宅で会いたい"とのことであった。急いでタクシーを拾い駆け付けた。他にも呼ばれた人々があり賑やかな中で，一人木庭さんはボーア大先生としきりに話し込んでいた —— 何についてかは分からなかったが。別の日にはQEDの専門家G. チェレーンも，斯界の大先達を主客にしたパーティを開いてくれた。お陰でお相伴役もいろいろと楽しめた。

研究所コロキュウムでの木庭講演は12月3日午後5時に行われた —— "中間子の多重発生について"。英語も滑らかで立派な講演だった。が，この日は折悪しく午後2時から，ノーベル賞を貰いにゆく途中のバーディン（J. Bardeen）とブラッタン（W. H. Brattain）の講演もあり，人々に与えた印象という点では，いささか損をしたかと思う。

因みに木庭さんの外国語は大したものだった。英・独・仏・露語をよくし，エスペラントやサンスクリットにも知識があり，日中交流交渉の折には，簡単なことなら中国語で片付けていたとか[162]。驚いたことにコペンハーゲンにやって来て間もなくの頃，デンマーク語の新聞が大体分かるという。一ヶ月も前からここに居る筆者などには，まったくの珍紛漢紛だったのに，である。"いや，ドイツ語から類推しているだけですよ"とは木庭さんの弁。しかしだいぶ経ってから筆者も，ようやくこの言葉の意味が分って来たのだった。

12月3日木庭さんは3泊4日の予定でゲッティンゲンへ——多重発生についての元祖ハイゼンベルクと意見交換のため。当時彼の研究所には西島（和彦）氏が滞在中であり，氏が万事お世話したらしい。氏によると[162]，木庭の見解はハイゼンベルクに深い感銘を与え，"今後も木庭と連絡を保ちたいのでよろしく"と氏に頼んでいたという。

12月8日，田村氏とともにワルシャワに向う木庭さんを空港にて見送る。旅券を見せれば時折ゲートまで入れるのだが（当時の国際空港はこのようにのどかだった），当日は駄目。ポーランドの後にはソ連・中国をも訪れ帰国されたと聞く。

続く第三場はワルシャワ。1963年，筆者は長年の欧州滞在を切り上げて帰国したが，その途中でワルシャワにも立ち寄った。当時はなお東西の壁が厚く自由な往来は難しかったが，木庭さんに連絡したところ，同国科学学士院の招待ということになり，入国査証も簡単に取れた。4泊5日の短い滞在だったが，'ワルシャワでの木庭さんの日常'については知る人も少ないようなので，日記に従い，やや詳しく認（したた）めておく。

3月20日，パリから入国したので（家内同伴）午前中にワル

シャワ着。空港では木庭さんに車付きで迎えられ，古風だが堂々としたホテル（Hotel Bristol）に案内される——この町一番のホテルと聞いた（その証拠？　ある日の朝食で後から隣の席についたのが何と，かの大ピアニストのS. リヒテル）。昼食まで少々時間があるので，早速M. キュリーの生家へ。夕方は木庭さんの招待で，いわゆる'文化・科学宮殿'で民族舞踊を見る。この建物はスターリンの建てた巨大だが芸術性まったくゼロの代物，屋上からは全市が一望に収まる。"ここからの眺めがこの町一番だと人々は言います——ここからは宮殿が見えませんからね"と言って木庭さんニヤリ。そう言えば，機中から真っ先に眼に入ったのも，この建物だった。民族舞踊は色彩とリズムが独特で，十分楽しめた。木庭さん曰く："肉や野菜に事欠くので社会主義もどうかと思いますが，こういう伝統芸術が大切にされているのを見ると，さほど捨てたものではないような気もします"と。その後，夜食を木庭邸でご馳走になる。食事中での木庭語録："私は「基研」の後は社会主義の国で働きたいと思ったのです。第一希望は中国でしたが，結局，中国と友好関係にあるポーランドになってしまいました。" "この国の科学のためにと学生を育てていますが，学位を取った後は外国に行ってしまい，帰って来ないのです"——こう言いながらの木庭さんは，いささか淋しそうに見えた。

　翌21日は午前中，大学の木庭さんの部屋で雑談，午後は一緒に研究所長室に赴き，インフェルト（L. Infeld）教授に挨拶する。研究所コロキュウムでの筆者の講演は何と5時半からで，1時間以内で終えるようにと木庭さんから注意されていた。しかし講演はインフェルト先生が盛んに質問して中断される。講演後の討論でも，もっとも多く質問したのが大先生，結局1時間を

ワルシャワ大学。手前の平屋がインフェルトが所長の研究所

かなりオーバーしてしまった。ともあれ L. インフェルト 64 歳，なお若者以上の元気さであった。

22 日，午前はロンドンで知り合った，ここの所員のトラウトマン（A. Trautman）の一般相対論の講演を聞く，立派 ── 彼は後に斯界の権威となる。午後には筆者の居たインペリアル・カレッジ（ロンドン大）での理論研究について，非公式セミナーとして話す。

滞在最後の 23 日はようやくデューティ・フリー，同じくロンドンで知り合った友人トゥリチェフ（Tulizyjew, イニシャルは失念）が郊外のゼラゾヴァ（Żelazova）へドライヴしてくれ，ショパンの生家へ。あいにく休日だったが，交渉して開けて貰う：'アカデミーのゲストとして日本からやって来た人なので是非' とでも T が言ったのか ── これが効くのは社会主義国なればこそ。辺りの公園にはまだ氷が張っていた。ワルシャワに帰り旧市街を見物，その後木庭邸へ。早目の夕食をご馳走になった後オペラハウスへ。オペラ・ファンなので 'ワルシャワ

ではオペラを一つ見たい'、とは前もって知らせてあったが演し物はバレー。"ポーランド語のオペラは分るまいと思って"が木庭さんの深謀遠慮だった。公演後ホテルに帰り、ここで木庭さんに4日間のお礼を述べて別れる——これが終の別れになるとは露知らずに。

'当時のワルシャワでは肉や野菜の販売は特定の日に限られ、当日は朝早くから行列につく'と後日知らされた。それゆえご馳走して下さった木庭夫人にも大変な迷惑をお掛けしたことになる。こういった事情もあり、ワルシャワ生活は病弱の木庭さんにとって、甚だ酷しいものだったことは疑うべくもない。これが後に木庭夫妻をして、コペンハーゲンへの移住を決断せしめたのであろう。翌24日早朝、筆者らはベルリン経由でヘルシンキへと向った。

§30 '木庭さん'との日々 (2)
——2つの余話その他

改めて一節を設けたのは、'いかにも木庭的'とも言うべき2つの余話を是非とも付記して置きたかったからである。その第一は坂田と量子力学解釈に関わる。ボーア研究所生れの、いわゆる'コペンハーゲン解釈'には、アインシュタインやド・ブロイ、シュレーディンガー[165]をはじめ多くの人が批判的だった。かのディラックも、名著『量子力学の原理』ではこの解釈で一貫しているが、晩年には、"よりよい解釈が見出されない限り、統計的解釈を受け入れざるを得ない"と述べている[166]。坂田も批判派の一人であり、この解釈をば進路を見え難くする'コペンハーゲンの霧'として不満を表明していた。微妙な点は筆者

の理解を超えるが，要するにこの解釈は彼の哲学——唯物弁証法——にそぐわず，実体論的ではない，ということではなかったか[167]。

これに反しボーア研究所の哲学的物理学者でボーアの使徒と自認するローゼンフェルトは，当該解釈の最大の擁護者であり，"ボーアの相補性こそ弁証法そのもの"と明言して憚らなかった。因みに，口悪で知られるパウリが，かつて彼のことを"$\sqrt{(ボーア)\times(トロツキー)}$"と評したとか——とまれ言い得て妙ではある。

1967年秋，その坂田がソルヴェイ会議出席の後ボーア研究所に現れる——コペンハーゲンは彼にとって第二の故郷であり，つねに訪欧の際の根拠地としていたのだった。研究所のお茶の部屋で木庭に出会い，いかにもなつかしそうに"やあ木庭さん，久しぶりですね"と声を掛けたのに対し，木庭は応じた："先生は'コペンハーゲンの霧'とかいうことで，ボーア研究所の人たちの量子力学解釈を批判なさっていますが，今回はローゼンフェルト教授に会って議論されなくてはなりません"と。久しぶりの再会の第一声がこれだったので，当の坂田はもちろんのこと，その場に居合わせた並木（美喜雄）もしばし啞然としたという[162]。方法論的議論をするにはローゼンフェルトこそ最適の人だったからである。

実を言うと1956年に木庭がボーア研究所にやって来たとき，筆者も同じような言葉を聞かされた："1954年坂田先生は半年間もこの研究所に居らっしゃったのに，ボーア先生と解釈問題については一言も話されなかったようですね。学問のためには残念なことです"と。平素は温厚そのものだが，言うべきことは坂田であろうと誰であろうと敢然と言い放つ，そういう人で

彼はあった。

　第二の余話は木庭最後の地コペンハーゲンについて。自らの研究にとっても，夫妻の生活にとっても，これはようやく到達し得た安寧の地ではなかったか——結末は悲劇的ではあったけれども。木庭着任以前のニールス ボーア研究所は，研究の重心が量子力学から原子核理論に移って久しかった。そこへ乗り込んで高エネルギー物理現象論の，言わば'木庭スクール'を作り上げ，木庭の名声をさらに高める業績を成し遂げた。双対共鳴模型に関する'木庭-ニールセン（Nielsen）の公式'[168]，多重発生における木庭-ニールセン-オルセン（Olsen）の'スケーリング則'[169]がこれである。

　そのH. B. ニールセンによると[162]，木庭の周りにごく自然に若者たちが寄り集い，いつの間にかこのスクールが出来上がっていたという。万葉集学者の伊藤博（筑波大学名誉教授，故人）によると，学問の仕方には'見る'・'斬る'・'入る'の3通りがあるとか。前二者は自明であろうが，最後の'入る'とは，辺りの雰囲気を損ねないようにして入り込むが，その中に徐々に独自性を発揮し，周囲に影響を及ぼし始めること——だそうである。この伝でゆくと，木庭はまさしく'入る'であった。人格と学識のほどが，それを可能ならしめたのであろう。

　しかし終幕は悲劇的であった。1973年8-9月，北イタリアはパヴィア（あるいはパドヴァか）での多重発生に関する国際会議に出席する。その地にはコレラの恐れがあり，出発前体調が思わしくないのに予防注射を受ける。そのためか，会議中急に状態が悪化。会議後直ちに帰国して入院，9月28日に亡くなった，行年58。実を言うと，この年は『素研』誌創刊25周年に当り，当時の同誌編集長小沼が，創刊に携わった木庭に，入院中

とは知らず一文の寄稿を依頼する。これが文献164であり，送られて来た原稿は1枚目が自筆，2枚目からは夫人の代筆だったとか。最終行に"(1973年9月15日病床にて)"とあり，文字どおりの絶筆となった。しみじみとした文章であり，これはまた，われわれ素粒子論グループへの遺言ではなかったか，と筆者は感じている。

なお木庭をよく知る人たちが'これぞ木庭'ともいうべき至言を書き残している。その二，三を引き，筆者の追想を結ぶ。

髙木（修二：「基研」では早川の後任で教授となり，木庭とは共著論文もある）にとって，「基研」初の教授として活躍中の木庭と早川はともに"輝く星"であったが，両者を次のように対比している："早川さんが緋威の鎧を纏って颯爽とした若武者であるとすれば，木庭さんの方は古武士の風格を備えていて，さしづめ黒糸威の鎧が似合うという感じであった"と。そのためか，「基研」所長の湯川も早川には気軽に話したが，木庭にはいささか遠慮勝ちだったとか[162]。また山形高校以来の学友だった梅原（千治）氏は，木庭の生き様をば"道元の生き方"と表現したという[170]。南部に倣い[170]，これを筆者は"ストイシズムとその蔭に潜む激しい情熱"と解したい。

§31 素粒子論グループ精神（1）
　　——3つの流れ

これまでもたびたび述べたように，筆者がE研に入ったのは1949年の春であったが，このころすでに'素粒子論グループ'なる言葉が存在したように思う[171]。ただし組織化された特定の団体に対する固有名詞としてではなく，たんに素粒子論を研究

している人たちを総称する普通名詞としてである。戦時中も存続していた'中間子討論会'のごく自然な延長であったかとも思われる。因みに，終戦直後には'素粒子論研究団（または研究班）'などと呼ばれていたが，その後'グループ'などと片仮名英語を用い始めたりするのも，戦後社会の新傾向であった。

このように当初は組織化されてはいないグループではあったが，そこには一種独特の気風があった。気風はさらに考え方や行動様式にも影響を及ぼす。同じ物理学者の社会にあっても，隣接分野の，例えば物性理論研究者たちにすらまったく見られない，あるいは逆に，その挙動によってその人がグループの一員であることが判るような，一種独特の気風であり，これを私は'素粒子論グループ精神'（以下'SG精神'）と呼びたいのである。そして結果的にグループから5名のノーベル賞受賞者を輩出し得たのも，この精神があったればこそとしても極言ではないと思う。

それでは，'SG精神'とはいったい何か。それは言わば3つの大きな流れが交差する所に出来した渦であり，それぞれの流れの由来を語れば，この精神の本性は自ずと明らかになると思われる。

流れの第一は，戦後，研究再開直後に行われた研究体制の民主化である。そしてその発祥の地は，筆者のいた名大素粒子論研究室こと'E研'であった。坂田教授の主導の下，終戦の翌1946年から活動を開始する[82]。同年1月24日には'名大素粒子論研究団'が第1回研究室会議を開く。そこでは教授・助教授はもちろんのこと，一定の条件を満たせば研究生までもが会議構成員となり，完全に対等な立場で研究室の運営や研究方針を討議・決定した。同じく物理教室自体も，4月18日には第1回

'教室会議'を開き，6月13日には運営上の基本方針としての'教室憲章'を策定する。

これが先例となって素粒子論研究室をもつ他大学でも，程度の差はあったが同様な改革が行われた。こうした改革は当然研究面にも及び，研究上の議論は，上下の区別なくまったく自由に行われるようになる。私見では，この種の改革は運営面ではしばしば悪平等を招いたが，研究面では多大の効果(メリット)があったと感じている。たとえ大教授の意見であっても，学問的に正しくないと思えば，若輩でも躊躇することなく反論できたからである。

流れの第二は，仁科（芳雄）によるいわゆる'コペンハーゲン精神'のわが国への移植である。この精神とは，ニールス ボーア（Niels Bohr）率いるコペンハーゲン大学'理論物理学研究所'（現'ニールス ボーア研究所'）に漂う一種独特の雰囲気である。それはN.ボーアの人格の反映であり，研究所という小社会の文化でもあった。その特質を筆者なりにまとめれば，以下のようになる[172]：研究者は皆対等である；研究は他の何物よりも優先する（多少礼を失しても研究のためなら構わない）；研究上最も大切なことは，他人との徹底的な討論である；研究は自分に適した方法でやればよい（つねに研究所にいる必要はない）；よく学びよく遊べ，といったところ。

周知のように仁科は1923年4月から'28年10月まで，まさにボーア研究所の黄金時代にここに滞在し，他の高弟たちがそうしたように，コペンハーゲン精神を自らの研究室（理研仁科研究室）に持ち帰り，研究上の基本方針としたのであった。当時の仁科研の'のびのびした雰囲気'については朝永の随筆「科学者の自由な楽園」に活写されているので是非一読された

い[173]。そしてこの仁科研の雰囲気が，仁科の薫陶を受けた弟子たち，朝永・坂田・湯川・武谷らによって，それぞれの研究室へと拡められていった，と筆者は考える。

　流れの第三は，当時の素粒子論が若い学問だったという事実に発する。わが国の素粒子論のパイオニアであり，その後のリーダーともなった湯川・朝永・坂田らは，終戦の時点で未だ30代の若さであった。頑迷固陋な老教授は不在であり，加えて若さ特有の先進性・融通性・冒険性等が変革を容易にしたということがあったろう。

　しかしその反面，若い学問が学会で認知されるためには，グループの人々が一体化して事に当たる必要があったと思われる。つまり，当初は緩やかな結び付きから出発したグループが，一種の共通意識をもった団体へと変質してゆかねばならなかった。物理学会内で'素粒子論分科会'が発足するのも，学会の「年表」によると[63]，ようやく1946年秋の学会（於京大）においてであった。

　しかし神風が吹く。1949年11月3日，湯川へのノーベル賞授賞発表が認知の問題などを一挙に吹き払った。認知どころか素粒子論は，物理学の，否，全科学の中のもっとも花形の研究分野と目されるに至る。その結果，以後の変転は目くるめくばかりであった。翌年からは大学院の素粒子論志望者が急増，1952年3月には素粒子論分科会の懇談会で素粒子論グループの組織化が討議され，他方，京大には'湯川記念館'が竣工し，1953年8月にはそこに「基研」こと'基礎物理学研究所'が設置される。わが国初の共同利用研究所であり，全国の素粒子論研究者がここを根城に共同研究を行うようになる，等々。このようにして，素粒子論研究者間の連帯意識はいよいよ深まって

ゆく。

　これを要するに，第一の波は'平等'を，第二の波は'自由'を，そして第三の波は'連帯性'をグループに付与することとなる。この3要素から成る共通意識がSG精神の根幹を成す——とこのように筆者は考えている。

§32　素粒子論グループ精神（2）
　　——研究現場への反映

　本節では，SG精神が当時の素粒子論研究者の行動の中に，どのように反映されていたかを，いくつかの具体例によって示してみたいと思う。そのためには筆者自身がE研時代に体験した，とくに印象的だった事柄のいくつかを拾い上げれば十分であろう。

　まずはE研における議論の模様から。対等の立場で行うので下克上は日常茶飯であった。議論に勝ったときは，とくに相手が先輩格の場合には，この上ない爽快感を味わったことである。しかし先輩の梅沢との場合には，こちらの判定負けのほうが多かった。そこでいつかは決定的に論破してやろう，それも坂田教授の面前で，と機を窺っていた。そして遂に成功したのである。もっともその場での相手は頑として自説を主張し続けたが，後日"あのときは君，参ったよ"と告げたのであった。

　次に1955年秋のE研コロキュウム——これは同年11月の「基研」研究会のための勉強会でもあった。主題は'ハドロンの複合模型'，とくに基本粒子として何を採るかが議論の中心であった。15名前後の人々が勝手に発言するので，文字どおり喧々諤々，あちこちで2,3本の議論が同時進行している。山田

が"P(陽子)やN(中性子)の他には,S(奇妙さ)$=1$の粒子なら何でもよい"と発言したのを筆者は確かに聞いている。また田中(正)が"P, N, Λ(ラムダ粒子)のほうがよい"と言ったらしいが,筆者には聞こえなかった。議論は深更にも及んだが,こうした議論から,かの'坂田模型'が生れた[152]。

E研忘年会もまた格別であった——会場は坂田教授室。メートルが上れば下克上どころか,上も下もなくなる。いまでも記憶に残る鮮烈なシーンがある。坂田が"原(治)君の(物理)は,天翔るアイディアリズム"とからかえば,すかさず原が斬り返した:"坂田さんのは地を這うリアリズム"と(ここで坂田教授のことを'さん'付けで呼んでいることに注意されたい。筆者自身も直接話しかけるとき以外に,'坂田先生'を用いた記憶はない)。このような6年間のE研の後,筆者はニールス ボーア研究所に2年間滞在したが,SG精神化した筆者には,そこでのコペンハーゲン精神には何らの違和感もなく同化したのであった。

先生方に冗談を言ったり,からかったりするのも平気だった。「基研」が発足して間もなくの頃,つまり筆者がまったくの駆け出しの頃,そこで開かれた研究会に出席していた。昼食時皆でぞろぞろ百万遍の飯屋へ出掛けた。弱冠30歳で「基研」初の教授となった早川も一緒だった。食事も終りお茶を飲んでいるとき,その早川が筆者に"夕べ君の論文を読んでいたら面白くて中々眠れなかったよ"とお世辞(?)を言った。すかさず若造の曰く:"私も早川さんの論文を読んでいたんですが,すぐ眠れましたよ"——とまあこんな調子であった。

1955年11月,上述の「基研」で行われた'場の理論研究会'のことも忘れ難い。研究会の中心問題は"場の理論に'ghost(ゴースト)

状態'(存在確率が負となる)が現れるか"であった。その打ち上げコンパの席上,照明を消し,ドラマ「Ghost 基研にあらわる」の録音テープを流した。これは,ある夜基研に現れたゴースト先生が,研究会出席者を一人ひとり批判し揶揄するもので,湯川・坂田両教授とて例外ではなかった(朝永は欠席)。なおこの記録は『素研』誌電子版で読み,かつ聞くことができる[174]。

因みに 1930 年代のボーア研究所でも,毎年行われる'復活祭研究会'では,最後に寸劇が上演されることになっていた。とくに 1932 年の"コペンハーゲン・ファウスト"は傑作の誉れが高い[175]。

以上,'平等'・'自由'の具体化として,よく学びよく遊んだ面について述べてきたが,もう一つの'連帯性'についても,特記しておくべき感動物語がある。筆者が E 研に入って専門論文を読み始めた 1949 年前後は,新形式の QED の勃興期であった。もちろん朝永関係の論文は読むことができたが,シュヴィンガーやファインマンの論文は容易に入手できなかった。それらが掲載された Phys. Rev. 誌を研究室も購入できなかったからである。外貨の制限があり,外国から図書や雑誌を輸入することなどは,思いもよらなかったのである。

ただ東大の人たちは違っていた。先にも述べたように,占領軍の開設していた CIE 図書館で Phys. Rev. 誌などの新着雑誌を見ることができたのではと想像する。おそらくそこで書き写したかと思われる情報を独り占めすることなく,何と論文の全文を謄写版刷りにして,地方大学の筆者らに配布してくれたのである。しかも驚くべきことに,そこに記された綺麗な書体で書かれた英語や数式に,まったくミスプリがなかったのである。筆者は式をすべて自分でも導出しながら読んだのだが,そこに

記されているとおりの式を再現できたのである。すでに述べたように，こうして読んだシュヴィンガーの第1論文[23]のお蔭で，筆者はその方法を応用して卒論を書くことができたのであった[133]。

新情報を用いてまず自分たちで二，三論文を書き，その後にようやく情報を地方に流すといった，言わばケチな行動を東大の人たちは執らなかった。これぞまさしく連帯精神の発露という他はない。

当時東大の研究室にいた山口の語るには，"そう言えば中村さんや藤本らが謄写版刷りの仕事をしていたようだ"とのこと。筆者の想像では，おそらく中村（誠太郎）氏の発案でこのことが実現されたのではなかろうか。

氏は湯川門下であり，1942年湯川が東大教授併任となったときに東大に移り，以後定年に至るまでそこに留まった。そういう人であったから，新情報が得られれば，まず師の湯川教授に知らせなくては，との意識が働いたことであろう。ならば同時に名古屋の坂田教授やその他の地方研究者にも，と考えたのかもしれない。それはともあれ，この謄写版刷り論文は，筆者にとってはまことに有難いものであった。いま想い出してもその好意の程が身に染みる。シュヴィンガーのみならずファインマンの論文も，筆者はまずこの謄写版刷りで勉強したのであった。

中村氏は素粒子・原子核の研究の傍ら，木庭，井上氏らとともに'素粒子論グループ'の組織化や『素研』誌の発刊にも携わった。東京近辺の若手研究者の兄貴分であり，素粒子論の'大ボス'と'若手'との仲介役でもあった。他方，湯川ノーベル賞を機に発足した'読売湯川奨学会'の世話人を務め，その後は自らが設立した'素粒子奨学会'によって，定職のない若手研

中村誠太郎

究者を援助した。まさに SG 精神の，とくに‵連帯性′体現者としての最たる存在であった。素粒子論グループも 2001 年には第 1 回‵素粒子メダル功労賞′を贈り謝意を表明した。2007 年没，行年 93[176]。

現今の研究者は，欲する論文を随時机上のパソコンから取り出すことができる。別にグループとして団結しなくても，個人的に研究費を調達できる。SG 精神なるものも，あるいはすでに一時代の遺物となったのかもしれない。それはともあれ，現状に即した，何か新しい精神はあるのだろうか。もっとも世はすでに精神などよりも，‵速効′第一の時代となっているようであるが。

§33 「理論する」ことと伝統について

冒頭から‵理論する′などと異様な言葉をもち出したが，これは筆者の造語である。‵哲学′（Philosophie）に対して‵哲学する′（philosophieren）があるように，‵理論′に対してもこのような動詞があってもよかろうと思ったまでである。何らかの

第 6 章 断想若干

意味で（物理）理論に関係した行為を実行することの総称としたい。例えば（理論を）研究したり，論文を書いたり，解説したり，討論したり等々の行為を含む。なおドイツ語には，'理論化する'（theoretisieren）という言葉はあるが，これも'理論する'の一部であり，筆者の意味での動詞は，少なくとも筆者のもっている小さな辞書には載っていない。本節では'理論する'の2つの特殊ケースを，伝統との関連で考察してみたいと思う。いずれも理論する伝統については先進国であるユーロ圏での体験に基づく。

その第一は，筆者のではなく梅沢の体験についてである。§23の余話でも述べたように，1953年秋，弱冠29歳の梅沢は，'小さな大著'『素粒子論』を携えて渡欧する。実質的にこの本は'場の量子論'の教科書であり，おそらくは'われこそはこの理論の若き権威'との矜持に満ち満ちていたことかと想像される。この本が直ちに英訳，出版されたこともすでに述べた。

その彼が1954年秋，コペンハーゲンのニールス ボーア研究所を訪れ，ミュンヘンから来ていたハーグ（R. Haag, F. ボップの弟子）に会う。研究者同志が初対面のときに交わす決り文句"あなたは今何をやっていますか"と梅沢は彼に尋ねた。そのときのハーグの答が"漸近場がなぜ自由場であるのかを考えている"であった[177]。この返答に梅沢は驚いた——"まさしくカルチャー・ショックとも言うべき大きな衝撃だった"と後日彼は筆者に告げたことである。なぜなれば，梅沢にとって'漸近場が自由場である'ことは直観的に自明であり，そういう事柄が場の理論において問題となり得るなどとは，夢想だにしなかったからである。

言うまでもなく，理論という以上，明確な前提から出発して，

論理的・数学的推論に徹底すべきであり，その途中で'直観的に自明だから'とか，'物理的に好ましいから'といった理由で，未証明の，あるいは前提と両立しないかもしれないような事柄をいたずらに挿入してはならないのである。梅沢がそれまで'場の理論'だと考えていたものは，結局素粒子論に有用な，しかし体系化されてはいない実用的知識のたんなるコレクションではなかったか，と彼は大いに反省したのではなかろうか。

ハーグが問題視し，他方梅沢が自明だとした，この相異は理論的伝統の有・無から来たと筆者は考える。長年にわたって築かれて来た伝統の中にいると，理論とはどういうものか——何をなすべきか，何をなさざるべきか——が自ずと分るようになる。これが要するに，伝統のもつ力の最たるものではあるまいか。伝統の継承などというと難事のように響くが，略言すれば，周囲の先輩たちの真似をしていればよいのである。因みにハーグは，その後大成し，公理的場の理論の世界的権威となる。

わが国における素粒子'理論'の研究は，実質的に 1929 年，湯川と朝永が京大を卒業して研究生活に入ったときに呱々の声をあげたとしてよいであろう。まさしく場の量子論が急展開していた時期であり，新知識の獲得も容易ならざることであったろう。しかし両者がさらなる困難を覚えたのは，日本という未開の地に，新たな伝統を植え付けることではなかったろうか。

次の，第二の体験は，筆者自身に関わる。'理論する'ことの中で，研究成果を他人に伝達する，その仕方についてのものであり，アイルランドの Dublin Institute for Advanced Studies（以下 DIAS）滞在中に得た貴重な教訓である。因みにこの研究所は 1940 年，同国大統領のデ・ヴァレーラ（É. de Valera，数学出身）が，在英のシュレーディンガーを招くために作った（と

も言うべき）国立の研究所であり，以後 1956 年まで後者は DIAS の School of Theoretical Physics の所長や所長代行を務めた。有名な『生命とは何か』はここでの公開連続講演に基づいている[178]。下って 1960 年前後には，友人の高橋が DIAS の所員（のち教授）だったので，筆者もたびたびここを訪れ，長・短期間滞在した。

その頃の DIAS には 2 人の 大 教 授（シニアプロフェッサー）がいた——所長のシング（J. L. Synge, 相対論）とランツォシュ（C. Lanczos, 応用数学）である。ともに古き良きヨーロッパで育った知識人・教養人の典型とも言えるような存在であった。因みにシングは著名な劇作家 J. M. シングの甥であり，彼自身も達意の文章家であった。油絵もよくし，自宅には前衛的な作品が飾られていた。他方，ランツォシュはハンガリー出身で，数値計算の'ランツォシュ法'で知られる。"アインシュタインと共著論文があり，彼のヴァイオリンにピアノ伴奏をした"ことが，ご自慢であった。もっとも，この合奏が旨くいったとすると，E と L の腕前は同程度だったのか，そして L のピアノはと言えば……，閑話休題。ともあれ，このご両人からは教わるところが多々あった。しかし以下ではシング先生からの一つの教訓に話を限定する。

さて，2 人の大教授は週に 3 回——月・水・金——だけ出勤する。そして出勤日の午前 11 時には皆が図書室に集まり'朝のお茶の会'が始まる。しかし物理の議論や雑談が，結局，昼過ぎまで続くのがつねであった。そのお茶の会にシングは，ほとんど毎回のように，新しいアイディアを持ち出してくる。そしてその説明を"これは先日思いついたばかりのことで，何らの brush up（あるいは tidy up）もしてないので恐縮だが"といった前置きで始めるのであった。そこには大変失礼なことをして

いるとの，恥じらいの態度が明らかに見て取れた。

　直接指導を受けていた学生によると，"論文は得られたままの結果を羅列するのではなく，再考に再考を重ね，本質的な事柄だけを，他人が分りやすいような形で簡潔に書くものだ"と日頃教え諭されていたという。別言すれば，'brush up の手続きは，新しいアイディアを考え出すことと同じ程度に重要なことだ'ということになる。これは，梅沢のカルチャー・ショックほどではなかったにせよ，筆者にとっては新鮮な驚きであった。

　というのも筆者の育った E 研での雰囲気は，極めて荒っぽいリアリズムだったと言うべきか，論文ではよい結果が導かれていれば充分であり，その導出過程などはまったく問題視されなかったからである。筆者の駆け出し時代の論文でも，いかにその書き方が稚拙であったかについては，すでに§27で言及し反省したとおりである。

　しかし以下では自身のことはしばし棚上げにし，朝永グループの論文を観察の対象としてみたい。まず朝永の超多時間理論についての最初の論文[6]は，"シュヴィンガーのように式を書き並べず，物理的な内容がやさしい言葉で簡潔に述べられている"とダイソンも激賞している（§20参照）。しかしこれは朝永単著の場合であり，これに続く論文は，先にも述べたように（§9），ほとんどが 'A, B, and Tomonaga' のような共著となっている。ここに A, B は彼の弟子の研究協力者たちを指す。しかしこの共著論文となると，一転，書き方がよろしくないのである。得られたままの，似たような式がずらずら並べてあり，シングのいう brush up の手続きがなされたとは到底思えない。その結果，式を追っただけでは議論の流れや要点を摑み難いの

第6章　断想若干

である。

　これもすでに述べたことだが，弟子A, Bがようやく出した計算結果を師に見せると，師のほうではすでに計算済みであり，彼等の仕事は師の結果の再確認だけであったという。さらにそれを論文にする際にも，おそらくはこれも教育的措置の一環として，まずは弟子たちに原稿を書かせ，明らかな間違いがない限り，そのままにして投稿されたのではなかろうか。こうしたことは，朝永に限らず，当時の指導者側一般にも言えることで，シング的手続きの重要性が認識されていなかったのでは，と推さざるを得ない。

　では対抗者のシュヴィンガー論文の場合はどうか。複雑な式が羅列するがよく整理されており，それらを目で辿るだけで議論の運びが把握できるように書かれている。因みにダイソンがミシガンの夏の学校（§24参照）でシュヴィンガーに直接会って話を聞いたとき，論文や講義の背後に，なお多くの物理のあることに驚いたそうである[1]。つまりは'省略'ということの大切さであり，彼の論文を理解しやすくした要因であろう。しかもそこには，すでに教科書としてもよいほどの洗練があった。初期の頃，筆者は朝永-シュヴィンガー形式を用いて二，三の論文を書いたが，そのとき座右に置いたのはシュヴィンガー論文であった。

　以上をまとめれば，次のようになる。Brush upを行って結果を整理することにより，自らの議論の中に思い違いのあるのが見つかったり，より簡潔な証明法に気付いたり，さらには新しい発展の可能性が見えてくることもあるだろう。論文を書く目的は，自説を他人に伝達することであるから，他人に分りやすいように書くことが，まず第一の課題であり，読者に対する

礼儀でもあるだろう。言い訳がましくなるが、筆者らの若かりし頃、論文の書き方すら知らなかったという事実は、結局のところ、'理論する'ことの伝統の浅さに帰せられるのかもしれない。もしそうであるならば、現今の研究者においては、比較的に言って事態はかなり改善されているはずであり、実際にそうなっていると信じたいものである。

＊　　＊

§0′ 跋

くりこみ理論誕生前後に関わる筆者の（広義の）体験事項は、概ね以上のとおりである。朝永はよく冗談混じりに"くりこみ理論はしりごみ理論だ"と口にしていた：出来する発散量をあたかも有限量であるかのように取り扱うので、とうてい理論と呼べるような代物ではない、との意味合いからであろう。§28の文末で引いた言葉で坂田が望んだような、くりこみ法に対する完全に合理的な理論は未だ見出されてはいない。

しかし、当初は予想もしなかったような応用がいろいろとなされている。くりこみの操作が含む'くりこみ群'[179]のもつ形式的性質が、素粒子論では高エネルギーにおける振舞いに、物性論では臨界現象の解明などに応用されている[180]。矛盾の分析を契機として、物質の新しい側面が見えてきたということであろうか。他方、場の理論自体も、南部-ゴールドストーン（Goldstone）機構[181]、ヒッグス-キブル（Higgs-Kibble）機構[182]のため、従来よりも枠が拡がり、§26の条件IIの観点からは例外的な、くりこみ可能な'標準模型'なるものが構成されている。

§2で述べた、筆者の学生時代の素朴な疑問は、いちおう、く

りこみ理論によってその解答が与えられた。たとえそれがしりごみ理論であったとしても，筆者はそれで十分に満足している。そしてその理論の展開を目の辺りにすることができた，そういう時代に研究者としての青春を過ごし得たことは，筆者にとって天恵とも言うべき貴重な体験であった。

思えば，初めて電磁場の量子化を試み，QEDへの扉を開いたのは，他ならぬディラックであった[183]。このQED開祖は，しかしながら，後継者たちの行状に甚だ不満だったようである。小文の結びとして，くりこみ理論についての彼の見解を引いておく。1981年エリーチェ（Erice）の夏の学校での，"My Life as a Physicist"と題した講演で述べられた言葉である[184]。エピグラフと同じく，ここでも英文のみを記す。

"But with an infinite renormalization factor, you are neglecting quantities in your equations which are infinitely large. You are neglecting them without any logical reason for doing so. You are neglecting them just because you don't want to have them in the theory. Now I find this intolerable. It is especially intolerable for someone with an engineering training[185]. You're just going against all principles which you have been taught, those that are really fundamental in your theory."

P. A. M. Dirac

本文を草するにあたり，絶えず激励や助言を与えて下さった尾高一彦，表實，小沼通二の3氏に感謝したい。また古今の文献の入手に関しては，これらの方々を始めとして，石川昂，金

谷和至, 関口宗男, 高岩義信, 棚橋誠治, 中村孔一, 西谷正, 原康夫, 毛利優子氏らに負うところ大であり, また当初の「科学」稿に対しては, 岩崎洋一, 江沢洋, 福来正孝の3氏より有益なコメントを頂いた。ここに記して謝意を表する。

161―朝永振一郎,『科学』**44**（1974）p. 381。
162―野上茂吉郎, 早川幸男, 並木美喜雄『素粒子論研究』**48**, no. 3（1973）pp. 289-305. 南部陽一郎, 伊藤大介, 小谷恒之, 髙木修二, H. B. Nielsen, 西島和彦,『日本物理学会誌』**51**,（1996）pp. 564-583。
163―A. Krzywick, 美谷島実,『日本物理学会誌』**52**, no. 4（1997）p. 280；鈴木輝二, 美谷島実,『素粒子論研究』**106**, no. 4（2003）p. 84。
164―木庭二郎,『素粒子論研究』**48**, no. 2（1973）p. 195（創刊25周年記念号）。
165―例えば亀淵迪,『数理科学』2009年9月号, p. 14. 第Ⅱ部第5章に収録。
166―ディラック古希記念シンポジウム（1972.9.18-25, 於トリエステ）での講演, その報告は亀淵迪,『自然』1973年3月号, p. 62（第Ⅱ部第6章に収録）。また議事録は "The physicist's conception of nature", ed. J. Mehra, D. Reidel Publ. Co., Dordrecht-Holland（1973）で p. 7 にコペンハーゲン解釈についての言及がある。
167―文献20, p. 51. 量子力学の予測に伴う統計性は, いわゆる '隠された変数' の値のばらつきに由るのでは, とする一派があった。この種の変数が存在しないことは, いちおうフォン・ノイマンによって証明されたが（『量子力学の数学的基礎』）, 証明の前提が狭過ぎるとの批判がなお続く。とくに坂田は "コペンハーゲン学派の人々はフォン・ノイマンの証明を絶対視して固定化し, さらに先に進もうとはしない。こうした態度は弁証法的とは言えない" と断じた。おそらく彼は隠れた変数を暴き出し, それらを実体の座標と見なしたかったのではなかろうか。ともあれ, この線に沿った解釈を提案した D. Bohm の論文〔*Phys. Rev.* **85**（1952）p. 166〕を高く評価していた。
168―Z. Koba and H. B. Nielsen, *Nucl. Phys.* **B10**（1965）p. 633; **B12**（1969）p. 517.
169―Z. Koba, H. B. Nielsen and P. Olsen, *Phys. Lett.* **38B**（1972）p. 25; Nucl.

Phys. **B40**（1972）p. 317.

170―文献 162 の南部の稿。これは南部陽一郎『素粒子論の発展』江沢洋編，岩波書店（2009）pp. 437-442 にも再録されている。

171―例えば『素粒子論研究』**1**，no. 3-2（1949）の'編集後記'にこの語が出ている。

172―亀淵迪，『図書』岩波書店，2005 年 7 月号，p. 14；『科学史研究』**53**（2014）p. 234。なお後者は第Ⅱ部第 1 章に収録。

173―同題の岩波文庫（江沢洋編・解説）31-152-2 に所収。

174―亀淵迪，大貫義郎，『素粒子論研究』（電子版）**119**, no. 1（2011）。第Ⅱ部第 7 章に収録。

175―台本の完訳は朝永振一郎，『自然』中央公論社，1964 年 1 月号，または『朝永振一郎著作集 8』みすず書房（1982）pp. 207-247。歴史的事情については亀淵迪，『図書』岩波書店，2008 年 6 月号，p. 20。

176―中村誠太郎氏の詳細については，小沼通二，中澤宣也編「追悼 中村誠太郎先生」，『素粒子論研究』**114**, no. 6（2007）pp. 49-76。なお『素研』創刊 25 周年記念号（文献 164）で木庭氏の稿に続いて掲載の中村氏による"素研と素粒子論研究者"（p. 197）は，僅々 1 ページではあるが，その内容は重く，木庭稿と同じく，素粒子論グループへの遺言ではなかったか，と筆者には思われる。

177―例えば R. Haag, *Phys, Rev.* **112**（1958）p. 669。

178―E. Schrödinger, "What is life? The physical aspect of the living cell", Cambridge Univ. Press（1944）. 邦訳は『生命とは何か――物理学的にみた生細胞』岡小天・鎮目恭夫訳，岩波新書（現在は同文庫）。

179―文献 149。E. C. G. Stueckelberg and A. Petermann, *Helv. Phys. Acta.* **26**（1953）p. 499.

180―これについては，詳細でエンサイクロペディア的な総合報告がある：K. G. Wilson and J. Kogut, *Physics Reports*, **12**（1974）p. 75。なお高エネルギーにおける漸近的振舞の初期の研究としては，くりこみ群に類似の方法による M. Konuma and H. Umezawa, *Nuovo Cimento.* **4**（1956）p. 1461 があるが，近年の内外文献でまったく無視されているのは残念である。因みに，この方法をわれわれは'renormalization cut-off'と称していた：H. Umezawa, Y. Tomozawa, M. Konuma and S. Kamefuchi, Nuovo Cim. Ser, X, **3**（1956），p. 772。

181―Y. Nambu and G. Jona-Lasinio, *Phys. Rev.* **122**（1961）p. 345; **124**（1961）

p. 246; J. Goldstone, *Nuovo Cimento.* **19**（1961）p. 154.

182—P. W. Higgs, *Phys. Letters.* **12**（1964）p. 132; *Phys. Rev. Letters.* **13**（1964）p. 508; *Phys. Rev.* **145**（1966）p. 1156. T. W. B. Kibble, *Phys. Rev.* **155**（1967）p. 1554. またこの場合におけるくりこみ可能性については G.'t Hooft, *Nucl. Phys.* **B33**（1971）p. 173; **B35**（1971）p. 167。

183—P. A. M. Dirac, *Proc. Roy. Soc.* **A114**（1927）p. 243, 710.

184—P. A. M. Dirac, "The unity of the fundamental interactions", ed. A. Zichichi, Plenum Press, New York-London（1981）pp. 733-749.

185—ディラックは初めブリストル大学で電気工学を修める。"この工学での経験が，後の物理学研究での考え方に大きな影響を与えた"と晩年に述懐している。例えば A. パイスほか『ポール・ディラック——人と業績』，藤井昭彦訳，ちくま学芸文庫（2012）。

第 II 部

量子物理学の創始者たち

> There is no quantum world. There is only an abstract quantum physical description. It is wrong to think that the task of physics is to find out how nature is. Physics concerns what we can say about nature.
>
> Niels Bohr
> (p. 229, 注 5 参照)

ニールス・ボーア

所長室でのニールス・ボーアとオーエ・ボーア(右)

第1章

人間ボーア

ボーアは良い人であった。私が知る人の中でも，最高に良い人であった。

O. キーヴィッツ[1]

§1 序

ニールス ボーアの生前を知る人は，今や数少なくなってきている。幸い私はその少数者の一人であり，そのことがこの，"ボーアの原子構造論百周年記念シンポジウム"にパネリストとして招かれた所以であろうと解している。私がコペンハーゲン大学"理論物理学研究所"("ニールス ボーア研究所"の当時の名称)に滞在したのは，1956年10月から'58年10月始めまでの期間であり，当時ボーアは71〜73歳であったが，なお矍鑠(かくしゃく)として所長職を務めていた――もっともスポーツマンだった若い頃のように，研究所の階段を2段ずつ登るようなことは最早なかったが。ただ私にとって幸運だったのは，研究所やボーア邸で，いろいろと直接話を伺う機会を得たことである。

以下ではこうした直接体験をもとに，私なりのボーア像を画いてみたい。結果を一言で表すとすれば，"これ以上の大人物はあるまいと思われるほどの存在"であった。下記の諸節においては，そのボーア像を手・口・頭・心の四つの部位に分解して考察する。

§2　手
　　　——手工と思考

　ボーアの手は指物師の手であり，ハイゼンベルクのはピアニストの手であった。

C.F. フォン ワイツェッカー[2]

　私の知るボーアの手は，握手をしたときの感じで言えば，ふわーっとして暖かく，私の掌が彼の太い指にすっぽり包み込まれてゆくかのようであった。またパイプに入れた煙草に火を点けるのにも些か難儀しているかにみえた。しかし記録によれば，彼は子供の頃から手先が器用であり，手工[3]が得意だったという。家庭では木工や金工の道具，さらには小型の旋盤までもが与えられていたとか。

　実際，ボーアの物理における最初の仕事は，生理学の教授だった父親の実験室で行った表面張力の実験であった。断面が楕円の硝子管を自ら作成するという硝子細工もやってのけたらしい。これは学士院の懸賞論文応募のためだったが，ゴールド・メダル受賞という成果を挙げた。理論家として大成した後も，実験家が実験装置のことで困っていると，適切な指示を与えることが屡々だったという。

他方,理論家として理論的思考を推し進める場合にも手工に先導されてか,具体的な実験装置を眼前に想定し,あるいは実際にそれを作製したりしたようである。前者の例としては,場の量子論における観測問題を論じたボーア・ローゼンフェルト論文が挙げられよう[4]。ここでは巧みな古典的実験装置のアイディアが続々と現れる。後者の例としては,自らの核反応理論を説明するために実際に作製した"玉突き装置"がある。ボーアは1937年に世界一周旅行を行ったが,このときはわざわざこの装置を携行し,日本でもそれを用いて講演を行ったらしい[5]。このように,彼の思考は視覚的・直観的な描像に導かれていたようである。一例を挙げれば,電子スピンに対して,シュテルン・ゲルラッハ的な測定が不可能なことも,何らの計算もなしで分かっていたという。

　なお本節のエピグラフに関連して,ボーアとハイゼンベルクにおける手の働きの相違についても一瞥しておこう。まずボーアの場合,自ら創り出した人工物(概念)を考察の対象と併置し,両者の対立・矛盾を揚棄することによって,より高次の理解に到達したと言える。例えば,彼の原子模型では古典的模型と量子論的要請とが,量子力学解釈では数学的形式と相補性の概念とが,量子力学における観測では対象と古典的観測装置とが,それぞれ併置されている。もともと相補性の概念そのものが,対立する二者の併置に発するものであった。要するに彼の手は,対象に対して他物を"取り付ける"手であった。

　これに対してハイゼンベルクの場合は,これとは全く対蹠的であった。上述の量子力学解釈の例を考えてみよう。ここでの"ピアノ"とは量子力学の数学的形式の謂である[6]。凡庸な物理学者でも,このピアノから音を出すことは出来る。しかしハイ

ゼンベルクの手にかかると，妙なる音楽が奏でられた。すなわち，この理論形式から彼は，非常に重要な物理的結果 —— 例えば"不確定性関係"—— を導出し得たのである。約言すれば，ハイゼンベルクの手は対象から物を"取り出す"手だったのである。一般的に言ってボーアの立場は本質的に"多 → 一"すなわち統一的（vereinigt）だったのに対し，ハイゼンベルクでは"一 → 多"すなわち一元論的（einheitlich）であった[7]。

以上が本エピグラフに対する，私なりの解釈である。

§3 口
—— 言語と限界

ボーアの哲学的問題への関心は，当初，物理学の研究からではなく，言語の機能 —— 経験を相互に伝達しあう手段としての —— 一般的・認識論的な考察から始まった。

L. ローゼンフェルト[8]

自らが得た結果について説明するときにも，ボーアはつねに，その結果の先に何があるのかについて，より多くを語るのであった。

S. ローゼンタール[9]

はじめにボーア研究所における言語問題についての，私の個人的体験に触れておきたい。研究所に着いて数ヶ月経った頃，私は一篇の論文を書き上げたが，タイプされた英文原稿の英語が，シニアの秘書のH夫人によって徹底的に直されたのである。彼女のオフィスで向い合って坐り，それぞれが前にした原稿を一行ずつチェックして行くのである。「この冠詞は本当に

定冠詞でよいのか」「この公式がハイゼンベルクの不確定性関係ほどよく知られたものではないとすると……」といった類の議論をしながら、一行ずつ丁寧に読んで行くのであった。校正刷が来たときには、彼女もそれをチェックしてくれた。論文を提出した"デンマーク学士院紀要"[10]では四校まで許されるとのことであったが、私は再校の段階で切り上げた。勿論、私の英語がまずかったこともあろうが、とにかく研究所では（論文の）言葉に対して、これほどの注意が払われていたのである。情報を曖昧さなく伝えることを重視したボーアの影響によるのであろう。

　話題をボーアに戻し、まずは彼の口から発せられる言葉について。（フィンランド語を除き）北欧語は構造的に互いによく似ているが、その発音は大いに異なる。とりわけデンマーク語の発音は最も不明瞭だったと思う――口をよく開かず喉の奥でもぐもぐ言っているように、少なくとも私の耳には聞こえた。研究所の公用語は英語だったが、残念ながらボーア英語は大変なデンマーク訛りであった。といった次第で、彼の話し言葉は、何語であれ非常に聴き辛かった。向かい合って話すときには、耳より目を働かせ、彼の口の動きに注意を払った。

　次に書き言葉。子供の頃から文章を書くことは苦手だったようで、長じてからも、印刷になるような類の文章はもっぱら口述筆記に頼った。従って彼の書き言葉も話し言葉の一種だったと言える。ディラックやローゼンタールやパイスなどが筆記させられたときの、如何にもボーア的な面白い逸話が残されている。ここではその一つ、ローゼンタールから聞いた話を紹介しておこう。

　口述筆記の際、ボーアはつねに殆ど呻吟しながら、一語一語

を吐き出した。その日の午後も同様であり，部屋を行き来しながら考えるのだが，次の一語が中々出て来ない，筆記役はひたすら待つのみ。結局この日はうまくゆかず，「一晩寝かせておきましょう」となった。翌朝ローゼンタールが研究所廊下でボーアに会ったとき，彼が顔を輝かせながら口にしたのは「問題の言葉が見付かったよ ── それは"however"」だったとか。

こうして原稿が出来上がると，次は早速「さあ訂正だ」となる。何分にもボーアにとって"原稿とは訂正するためのもの"だったらしい。校正刷にも沢山朱を入れるので，全く別文のように変貌する。14校までやったとの記録がある。しかしそれもよいほうで，結局纏まりがつかず出版には至らなかった場合もあったらしい。

このように苦労に苦労を重ねた文章であるが，その出来映えは一般に不評であった。例えば広重（徹）[11]に次のような批判がある。要点を纏めると（1）彼の文章は晦渋である，（2）同じことを何度でも言い方を変えて繰り返す，（3）前述とは違ったことを後になって述べる，となる。しかしこれらは，以下の理由から，正しく典型的なボーア現象に他ならなかった，と私は考えている。

本節第二エピグラフにもあるように，ボーアの主たる関心はつねに，すでに解決された事柄よりも，その先にある問題であり，つまり，それは前人未到の領域に次々と踏み込んで行くことに他ならなかった。しかしながら，このような領域について語る言葉は，原理的に言って，何人にも未知である。しかしそのことを既知の言葉でもって何とか表現しなくてはならない。こうしてあの言葉も駄目これも駄目，先程のアイディアよりこちらのほうがよいか，等々の暗中模索が始まるのである。広重

の指摘した (1), (2), (3) は正しくこうした模索の生々しい記録であり, 彼にとっては不可避の過程だったと言えよう。おそらくボーアの真意を正しく理解するためには, この模索を忠実に追体験する以外に手はないのではなかろうか。禅の言葉に「説似一物即不中」(『禅林句集』)——物事は口にした途端に要点を外れている——というのがあるが, ボーアもこれと同じ心境ではなかったか, と私は忖度する。

　因みに, つねに対比されるアインシュタインは, この点で甚だ対照的であった。ボーアの場合, つねに先へ先へと考えるので, 考察の領域は開いた構造をもち, ために議論は屡々深遠な印象を与えた。これに反しアインシュタインでは, 考察の領域が——一定の前提によって限定されるので——閉じた構造をもち, 議論はつねに明晰であった。

　終わりにもう一つ, ボーアの言葉の特徴として諧謔性ということがあるが, ここでは, 彼の言とされている一文を引用するに止める:「本当に重大な事柄の中には, 冗談としてしか言いようのないものがある。」

§4　頭
——信条と真理

　コペンハーゲン精神とは知的活動への徹底的な没入・冒険・献身のブレンドであり, ときにはそれは諧謔にも繋がる。

(原典不詳)[12]

内面の充溢のみが明徴に至る。そして真理は深淵に住む。

F. シラー（小栗浩訳)[13]

表題の"頭"とは"考える"働き一般にかかわる部位としておく。ボーアの思想——と言うよりは考え方——の特徴については，すでに§2でも触れたが，さらなる成分として"コペンハーゲン精神"と彼の"真理観"を採り上げてみたい。

　まず前者から。ボーア研究所には一種独特の文化があった——研究所外ではおそらく通用しない類の文化である[14]。これはボーアその人の思想や人格の所産に他ならず，彼の近くに居ると自ずとそれに染まって行くのであった。そして，この文化の基調をなすのがいわゆる"コペンハーゲン精神"であり，上記第一エピグラフのように定義されるらしい。しかしこの厳めしい抽象的定義はさて措き，その具体的な内容は私の経験からすれば，次のように纏められる。

　(1) 研究者は皆対等である，(2) 研究は他の何者（例えば良風美俗）よりも優先する。(3) 他人との徹底的な討論こそ研究には必須である，(4) 研究は各自が最も効果的だと思う仕方でやればよい，(5) ときには互いに遊び興ずることもまた必要である。

　さて，これらの各要項を例示するのもまた楽しい作業である。1930年かのL. D. ランダウ（当時22歳）が滞在したときの，研究所で語り種ともなっている一情景がある——講義室のベンチの上にごろりと寝そべった若者に対し，立ったままのボーア大先生が彼の顔を覗き込むようにして説得を続けていたとか。(1)，(4) の好例であろう。

　次に私自身が目撃した典型的なボーア現象の一つを紹介しよう——時は1957年2月8日（金），所は研究所定例コロキュウムの会場，講師はJ. M. ブラット（当時はシドニー大教授だったと記憶する），演題は"超伝導"であった。講師紹介は，大物

の場合の通例で,ボーア自らが行った。ブラットは剽軽(ひょうきん)な人らしく,始めはボーア好みの冗句をちりばめて楽しく進行したが,ことが主題に及ぶや事態は一変する。学位論文が金属電子論で,超伝導について論文一篇(ただし未発表)をものしたことのあるボーアにとって,当該問題については一家言があったからである。

ボーアが頻りに質問し,果ては自ら黒板の前に出て行き式を書き始める。それも老人らしくゆっくりと,しかも 30 cm くらいに大きい Ψ を書き,それに添字付きの添字が続々と付き,……といった有様で,時間はどんどん過ぎて行く。たまりかねたブラットが遂に発言した。「ボーア先生,5 分だけ黙っていて頂けませんか。そうすれば 5 分以内に話を纏めますから」と。「よろしかろう」ということで話は再開されたのだが,5 分も経たない中に,またもやボーアが発言した。憤然としたブラットは「あなたは約束を破りました。私はもう話せません」と言って席に帰ってしまった。

会場は一瞬緊迫したが,事態を救ったのは息子の A. ボーア教授であった。彼がブラットにいろいろと質問し,結局 5 分以上も喋らせたのであった。このようなボーアの振舞は,世間の常識からするならば,客人に対して甚だ失礼なものであった。しかし彼にとっては,互いに物理について理解し合うことのほうが,遥かに重要だったのであろう。まさに (2) の範例である。

要項 (3) の実例としては,ボーアとハイゼンベルクが 1926 年秋から翌年にかけて行った,量子力学解釈を巡る徹底的な討論を挙げれば十分であろう。その結果到達した"コペンハーゲン解釈"はボーア研究所による物理学への最大の貢献であったか,と私は考える。

最後に要項（4），（5）はわれわれにとって大変有り難いものであった。研究所を2，3日さぼって友人と遊びの旅行をしても，彼等は何処かで勉強しているに違いない，と解釈されたからである。なお（5）の実例については文献[15]を参照されたい。

　次に，頭のもう一つの働き，真理観に移ろう。よく知られているように，ボーアは上に掲げたシラーの詩句（第二エピグラフ）を好み，屢々口ずさんでいたという[16]。思うに真理とは，ボーアにとって，正しく深淵の如きものではなかったのか。深淵の表面近くは光に照らされて透き通って見える——すなわち，そこでの真理は数学化されて明晰である。しかし深淵を深みへ深みへと分け入って行くにつれ，光も通らず徐々に暗くなってくる——すなわち，真理はより深遠になるにつれ，その数学化は困難となり，明晰性は薄れてくる。

　かつてボーアは「真理に対して相補的なものは何か」と問われたとき，即座に「明晰性」と答えたというが[17]，その心は上記のような状況を考慮してのことではなかったか。まさしく彼にとっての研究とは，真理という深淵の深みへ深みへと下降してゆく過程に他ならなかったと言える。このような彼の"頭"が，その"手"や"口"の働きを制御したと考えれば，§3の第2エピグラフや，広重の指摘した彼の書く文章の特質も，その必然性が自ずと理解されてくる。

§5　心
——広量と厚情

　…自らの研究領域では恰(あたか)も半神であるかのように全世界からの尊敬を集めている身でありながら，まるで神学生のように…，

どちらかと言えば内気で遠慮がちであり続ける人は，もう二度とこの世に現れることはないでしょう。…（ボーアもハイゼンベルクも）私に対して心に沁みるほどに親切で気持ちよく，かつ気配りのある態度で接してくれ，全く一点の曇りもないまでに，友好的で暖かいものでありました。

E. シュレーディンガー[18]

表題の"心"とは"心情"の働き一般に関わる部位とする。上記は1926年10月始め，シュレーディンガーがコペンハーゲンを訪れ，ボーアやハイゼンベルクと波動力学の解釈を巡って激論を交したが（第5章参照），帰国後に二人の印象について述べたものである（W. ウィーン教授への1926年10月21日付の手紙）。議論は議論として，それ以外でのボーアが如何に親切に客人をもてなしたかが窺われる。

客人への親切な応対については湯川（秀樹）の場合も同様であった。1958年9月ウィーンでのパグウォッシュ会議のあと来所し，9月22日午後の研究所コロキュウムでは彼が話すことになっていた。しかし当日になっても何の連絡もないのである。秘書が朝早く私の下宿に電話してきたり，午後にはボーア大先生自ら私の研究室にやって来て，部屋を覗き込み「あぁ，ここにも居ないな」と呟き……終日湯川探しに奔走していたのであった。二日後漸く湯川は現れたのだが，自宅でパーティを開くなど，最高のもてなしようであった。

このような手厚い配慮は，おそらく研究所を訪ねるすべての人々——大物，小物を問わず——に及んでいたのではなかろうか。後者の例として私の場合について一言しておこう。2年間の滞在中に5, 6回はボーア邸（カールスベア財団が提供したパ

レスのような豪邸）に呼んで貰ったし，さらに次のような出来事もあった。§3でも述べた，私が研究所で書いた最初の論文の出版についてである。デンマーク滞在の記念に，是非ともこれを学士院紀要に載せておきたいと願っていた。ところが「いま学士院には出版費用がないので，この論文は何時出版されるか分からない。ローゼンフェルトが最近新しい雑誌（"Nuclear Physics"）を始めたので，そこならすぐに出版される」と告げられた。しかし私は「どれだけ遅れても構いません。とにかく紀要に出したいのです」と固執した。ところが半月ほどの後，C. メラー教授から次のように知らされた。「ボーア先生があなたの論文の出版費用を工面してきて下さったので，論文はすでに印刷所に回っています」と。この配慮に私は感動した。因みに紀要では，一論文ずつ別々に厚い表紙を付けて出版されていた。

　主題に戻る。1930年代後半になると，ドイツから知識人たちがデンマークへ避難し始める。このような人々を援助するための組織を，ボーアは友人たちとともに立ち上げた。とくに物理学者の場合，彼等は先ず研究所にやってくる。暫時彼等をそこに収容し，第三国（とくに米国）に就職できるようにと彼は尽力した。しかし関係資料は，戦時中研究所が独軍に接収されたとき，後難を恐れすべて焼却された。ために事の全貌を知るのは難しいが，例えば米国に渡った人々の多くは，彼の地で大をなしたと言われている。

　日本における湯川がそうであったように，デンマークにおけるボーアは大変な有名人であった。ボーア夫人などは，名前（マーグレーテ）が女王と同じということもあって，"第二の女王様"と呼ばれていた。ボーアのデンマークやデンマーク文化への

貢献を思えば当然のことであろう。とくにコペンハーゲン市民のボーアに対する敬愛の念は殆ど異常とも言えるほどであった。

　研究所で語り種になっている有名な挿話がもう一つある。1928年、英国から青年物理学者 N. F. モットがやって来た。中央駅で汽車を降り、タクシーで研究所に着いた。料金を払おうとしたが運転手は受け取らない──そして言うには「私が運転したのはボーア教授のためであって、あなたのためではない」と。

　1954年には坂田（昌一）も約6ヶ月間研究所に滞在したが、コペンハーゲンに着いて先ず教えられたことは「街で困ったことがあったら、ボーア研究所に来ている者だと言いなさい。ボーアさんという名前を出せば、どんな問題も直ちに解決するでしょう」であったとか[19]。私なども、さすがにタクシーのただ乗りこそなかったが、街では屡々次のようなことを経験した。当時のコペンハーゲンでは、とくに冬季には、外国人は珍しい存在であり、飲屋でビールなど飲んでいると、「お前はこの町で一体何をやっているのか」と尋ねられたものである。「ボーア研究所に来ている」と答えると、相手はさっと身を正し、「ではボーア教授のために乾杯（スコール）！」ということになり、次の一杯を奢ってくれるのであった。

　ここに市民たちの敬愛ぶりを示す恰好の絵がある。私の滞在当時には、旅行社や観光案内所などで見掛けたポスターであるが、先年訪れたときには絵葉書になっていた。アンデルセン童話に出て来るような微笑ましい情景であり、当時のコペンハーゲンの雰囲気をよく伝えている。しかしこの絵を私は次のように解釈したいのである。すなわち、先頭の親鴨はボーア大先生、続く小鴨は彼の弟子たち、皆に遅れまいと最後尾で羽根をばた

第1章　人間ボーア

Viggo Vagnby 画
"Wonderful Copenhagen"

ばたさせているのは差し詰め私か。通せんぼの警官はコペンハーゲン市長，見物人はコペンハーゲン市民たち。ボーア教授御一行様のお通りなら，多少の不便もいとわない。いな，ボーア教授や研究所のためなら出来ることなら何でもしよう……との市民たちの心意気をこの絵は物語っているのではないか —— これが私の"ワンダフル・コペンハーゲン"解釈である。

それはともあれ，美わしい相互関係がボーアと市民たちとの間に存在し，その恩恵を私なども2年間の滞在中，心ゆくまで享受したのであった。

§6 跋

上記四節は，（内村）鑑三を贋造して言うならば，「余は如何

にしてボーア信徒となりし乎」についての告白である。ボーアに傾倒して洗脳された者が主観的な観点から画いたボーア像に他ならず，科学史家が索める対象化・客観化の視点を欠く。よってこれは決して科学史的論考では決してなく，たんなる印象記的エッセイ以外の何物でもない。それでは何故かかる代物を科学史シンポジウムに提出したのか。これに対して釈明ありとするならば，次のこと以外にはないであろう。

　私たちは，幸いにも，量子力学創造者たちの謦咳に接し得た最後の世代であった。私の場合について言えば，これら英雄たちのリストには，ボーアをはじめ，ハイゼンベルク・パウリ・ディラック・ヨルダン・ウィグナー・クライン・フォック・ハイトラー・フント・……が含まれている。彼等についての印象を，たとえその観点が如何様なものであれ，何らかの形で録しておく義務が，われわれ世代には課せられていると信ずるからである。その意味で小考が科学史家にとって何らかの参考となれば，望外の喜びである。

　1962年11月19日の朝，私はインペリアル・カレッジ（ロンドン大学）の研究室に居た。そこへ「11時半にコロキュウム室に集合せよ」とのメッセージが廻って来た。定刻に理論物理の面々が集まると，教授のアブダス　サラムが「ニールス　ボーア教授が昨日亡くなられた」と告げた。私はその日の朝刊を見ていなかったので，これには驚いた。さらに教授は短いスピーチを行い，その後全員起立して黙禱を捧げた。このときのスピーチが感動的で，かつ"人間ボーア"を端的に総括するものだったので，ここにその一部を引き小考の結びとする。

　ボーア教授が偉大な物理学者であったことは論を俟たない

が，教授はまた偉大な人間でもあった。心温かく包容力があり，周りに居る人たちを勇気づけ鼓舞せずにはおかない，そういう人であった。

これからの若い人たちが，このような人物に最早接することが出来なくなったという，この一事だけに限っても，教授の他界は物理学にとって大きな損失である。

　　　　　　　　　　　　　　　　　　　アブダス サラム[20]

本稿を草するにあたり，いろいろとご助力頂いた小島智恵子氏に謝意を表する。

●――――――
1―O. Chievitz (1883-1946)。デンマークの高名な外科教授。子供の頃からのボーアの親友としては数少ない一人。第2次大戦中は対独レジスタンスにも挺身した。J. A. Wheeler, "The Lesson of Quantum Theory" (Papers from the Niels Bohr Centenary Symposium), North-Holland, Amsterdam (1985), p. 355 の文末にこの引用あり。
2―C. F. フォン ワイツェッカー，ハイゼンベルク追悼講演"ハイゼンベルクの物理学"(田上・亀淵訳)，『自然』中央公論社，1977年2月号。
3―戦前の小学校での教科名は，"工作"ではなく"手工"であった。
4―N. Bohr and L Rosenfeld, Mat. Fys. Medd. Dan. Vidensk. Selsk., XII-8 (1933) p. 1.
5―朝永振一郎，"Scientific Papers of TOMONAGA" vol. 2, ed. T. Miyazima, みすず書房 (1976), p. 454；長島要一『ニールス・ボーアは日本で何を見たか』平凡社 (2013), p. 92。その他。
6―因みにハイゼンベルクはピアノの名手であった。1967年二度目の来日をした折，お別れの会で日本フィルのメンバーとともに，シューベルトの「ます」を演奏している。なお，彼の講演・演奏のCDはネットショップで入手出来る。
7―日本語・英語の物理文献には"多 ⇄ 一"の両者を区別する慣用句がないようである。例えばハイゼンベルクは自らの最後の仕事，"素粒子に関す

る非線形スピノール場の理論"についての解説書を，はじめ英文で，次いで独文でも書いた。前者に関しては邦訳もある：片山泰久訳，みすず書房（1970）。しかし，それぞれの表題は次のようになっている。

（英）"Introduction to the Unified Field Theory of Elementary Particles"，

（独）"Einführung in die einheitliche Feldtheorie der Elementarteilchen"，

（邦）"素粒子の統一場理論"。

　日本語・英語族の物理学者が両者を区別しないとは，まことに不思議な状況である —— 哲学の貧困と言うべきか。

8—L. Rosenfeld, "Physics Today," 16, October 1963, p. 47.

9—S. Rozental（1903-1994）1938 年からボーア研究所へ，以後ボーアの科学秘書的役割を担った。研究所の生き字引的存在であり，個人的に多くの情報を提供して貰った。引用文はその一つ。

10—原名は Matematisk-fysiske Meddeleser udgivet af Det Kongelige Danske Videnskabernes Selskab.

11—広重徹，岩波講座『現代物理学の基礎』（第二版）月報 No. 1（1978）。

12—P. Robertson, "The Early Years —— The Niels Bohr Institute, 1921-1930," Akademisk Forlag, Copenhagen（1979），p. 152 に言及あり。

13—F. Schiller の "Sprüche des Konfuzius" と題する詩にある。原文は "Nur die Fülle führt zur Klarheit/Und im Abgrund wohnt die Wahrheit"。

14—亀淵迪『図書』岩波書店，2005 年 7 月号。

15—亀淵迪『数理科学』サイエンス社，2013 年 9 月号。

16—W. Pauli, in "Niels Bohr and the Development of Physics," ed., W. Pauli, L. Rosenfeld and V. Weisskopf, Pergamon Press, London（1955），p. 30; A. Pais, in "Niels Bohr —— A Centenary Volume," ed., A. P. French and P. J. Kennedy, Harvard University Press, Cambridge（U.S.A.）（1985），p. 250.

17—アブラハム・パイス『ニールス・ボーアの時代 2』（西尾・今野・山口訳），みすず書房（2012），p. 303。

18—文献 17，p. 40。

19—坂田昌一『坂田昌一コペンハーゲン日記』ナノオプトニクス・エナジー出版局（2011），p. 198。

20—亀淵迪「亀裂亭日乗」当日の項。

左より，朝永振一郎，湯川秀樹，坂田昌一

第2章

対比としての朝永と湯川

§0 梗概

　理論物理学者としてそれぞれノーベル賞を受賞した朝永振一郎と湯川秀樹は，人間的にも極めて豊かな個性を具えた大人物であった。反面，両者はいろいろな点で全く対照的な性格をもっていたこともまた事実である。本稿ではこうした事実を基に，両者の人物像を比較してみたいと思う。文中，"朝永対湯川"の対照的性格を"T／Y"と表現する。ここにT，Yは互いに対照的な意味をもった二語とする。

§1 序

　1940年代は，わが国の素粒子論が躍動した時代であった。その前半が第二次世界大戦時と重なることも注目に値する。研究のリーダーは湯川秀樹・朝永振一郎・坂田昌一の三人組であり，この時期における彼等の主要業績を挙げれば，先ず湯川が提案した「中間子理論」(1935)の種々の面での展開があり，とりわ

け朝永の「中間結合の方法」や，坂田（および谷川安孝）の「二中間子理論」が重要な成果と言える。朝永にはさらに「超多時間理論」およびその発展としての「くりこみ理論」がある。

さて冒頭から私事にわたって恐縮であるが，筆者は 1949 年に学部学生の三年生（旧制大学の最終年）としてこの分野の研究に入ったが，幸運にも，三人のリーダーから直接教えを受け，さらには彼等の研究ぶりを傍らにあって直に観察する機会に恵まれた。このような経験に基づき，先に，三者比較論を展開したが，ここでは朝永と湯川に対する二者比較論をものしてみたい――すなわち，両者の個性についての個人的な印象を対比的に述べてみたいと思うのである。坂田については，従って，両者との関連においての言及に止める。

先ずはその生い立ちから。興味深いことに，この点に関する限り，両者は同じような経過を辿っている。朝永は 1906 年 3 月末，湯川はその 10 ヶ月後，東京に生れるが，ともに 1 歳のときに父親が京大文学部の（助）教授に任命されるに伴い，京都に移住する。三高・京大（物理学科）では同期。その頃欧州においては新理論の量子力学が勃興しつつあり，両者ともにこれに惹かれ，卒業と同時に玉城（嘉十郎）研究室の副手として量子力学研究の途に入る。その結果は周知のように，それぞれの仕方で理論物理学に対して重要な貢献を成し遂げる。同級生の二人が同一分野の研究で別個にノーベル賞を受けるという快挙は，将来においてもまたとは起こり得ないのでは，と思われる。

しかしながら筆者にとって最も興味深いのは，上述のような類似性にも拘らず，両者が長ずるに及び，物理学者として，さらには人間として，極めて対照的な性格をもつに至った，との事実である。本稿においては，こうした性格上の相違が両者の

考え方,話し方,延(ひ)いては生き方全般に,どのように反映し,どのような影響を与えたかについて考察してみたい。

そのため以下では,両者の性格の違いを対比させ,"朝永対湯川"を"T／Y"と書き表すこととする。ここにT,Yは一対の対照的な形容詞,または反意語(アントニム)とする──例えば,"数学的／哲学的","保守的(プロ)／革命的","職人的／素人的(アマ)"といった具合に。問題の詳細な検討とは,従って,でき得る限り多くの"T／Y"を見出すことに帰着する。断るまでもなかろうが,"T／Y"はあくまでも両者の対比であって,その優劣に関わるものではない。

ただ,この節を終える前に,次のことは指摘しておかねばならない,こうした両者の性格上の相違は,わが国の素粒子論にとってはむしろ幸いしたという事実である。研究を進めてゆく上で二人のリーダーが,互いに相補的な役割を果たし得たからである。

§2 考え方

先ず両者の研究態度の相違から考察を始めたい。事態の説明のために,二つの典型的な事例(ケース)に着目したい(この部分は第Ⅰ部§6と重複する)。その第一は初期の核力(原子核をまとめる力)の研究である。1932年にハイゼンベルクとイワネンコが新しい「核模型」(原子核は陽子と電子とではなく,陽子と中性子とから成るとする説)を提出したが,そこで発生した大問題は,核子(陽子と中性子の総称)間には一体,どのような力(核力)が働いているか,であった。1933年に朝永が湯川に宛てた手紙(日付なし)が残されていて,その中で朝永は核力(ポテンシャ

ル）に対して様々な数学的表式を仮定し，どれが最もよく実験事実と合致するかを調べている。そこには後年「湯川型」と呼ばれる表式も含まれているのは注目に値する。因みに同様な分析は朝永以外に欧米でもいろいろと試みられた。こうしたアプローチは一括して，核力に対する現象論と呼ぶべきであろう。

これに反して湯川のとった態度は全く対蹠的であった。核力の本性は何かを質し，問題の核心に真っ向から対峙したのであった。その結果が周知のように，彼の名を高からしめた「中間子理論」の仮設（中間子という新種の素粒子が核力を媒介すると考える）である。それのみか，彼はさらに進んで，核力すなわち（当時知られていた唯一の）「強い相互作用」を，β崩壊すなわち（当時知られていた唯一の）「弱い相互法則」と関連付けようとさえ試みたのであった。第Ⅰ部でも指摘したように，恐らくこれは今日の素粒子論で謂うところの「統一」なるものの，史上初の試みであったと言えよう。

これまでの考察から，すでに次のような"T／Y"が明らかになる。すなわち"技術的／原理的"，"know how 型／know what 型"，"分析的／総合的"，"理性的／感性的"である。

事例の第二は，1940年代前半における研究状況に関わる。しばしば述べたように，当時の素粒子論には二つの大問題 i) と ii) があった。i) とは，場の理論が古典論から量子論に移行してもなお存続する，宿痾とも言うべき「発散の困難」（どのような量を計算しても無限大となる）を如何に解決するかであり，また ii) は，湯川中間子論において発生した新しい問題で，理論と実験との不一致（湯川中間子は物質と強い相互法則をもつべきであるのに，宇宙線中に発見された"それらしき粒子"は強い相互作用をもたない）を如何に考えるのか，であった。こ

うした事態への両者の対応もまた大きく隔たっていた。

　先ず湯川は i)，ii) に関わる困難は同一の起源をもつと考えた。そして諸悪の根源は場の理論に固有の局所性（場が空間の各点で定義されること）にあり，そこから出来する素粒子も必然的に点粒子（大きさをもたない）となることによる，と断じた。それ故，こうした欠陥を除去するためには，場の理論のパラダイムをば根本的に改変せねばならぬと考え，点に代るべき「マ・ルの話」を語り出す。ここにマル C とは有限の大きさをもった時空領域の表面の謂であり，この概念を基に理論を再構築しようと試みたのである。マル C の内部では，従来の形の因果律は一般に成立しないと予想される。

　これに反し朝永は，あくまでも現存の理論に立脚した立場から，二問題 i)，ii) を別個に処理しようとした。先ず ii) に対しては，湯川理論において従来採用されている計算方法（摂動近似）が適当でないのではと考え，これに代るべき方法（中間結合の近似）を提案した。他方問題 i) に関しては，湯川の百歩前進を三十歩程度に止めた。すなわち，マル C を無限小の空間的曲面に制限することにより，因果律に抵触することなしに，場の量子論を明示的に相対論的な形式に再定式化した――いわゆる「超多時間理論」がそれである。この形式を用いることにより，「量子電磁力学」（電子と電磁場から成る系を取扱う理論）に現れるすべての発散量を除去することに成功した。朝永流のくだけた命名で，これは「くりこみ理論」と呼ばれている。因みに後年ノーベル賞の対象となったのは，この一連の研究である。

　ここで少し道草をして，問題 i)，ii) に対して坂田のとった態度についても一言しておきたい。両者の何れとも全く異なる方

途を択んだからである。湯川や朝永が問題の解決を理論自体の形式面での改変に索(もと)めたのに反し、坂田は理論が適用されるべき物質的対象の構造（あるいは模型(モデル)）そのものを改変しようとした。この方法は問題ⅰ）においては部分的成功を収めるに止まったが、問題ⅱ）に対しては見事な成功をもたらした。湯川中間子と宇宙線中に発見された粒子とは全くの別物だとする「二中間子理論」である（この説は後に実証された）。本題に戻ろう。

　これを要するに、朝永はあくまでも現存の理論の枠内に留まり、可能な限りその長所を活かそうとした。この意味で彼は保守的であった。ただし彼自身の言葉を用いれば、「反動ならざる保守」であり、「他人が困った困ったと言っている問題に対して、こうすれば困りませんよ、ということを示した仕事が自分には多い」のであった。つまり彼は現存の理論の中から、常人が気付いていないような長所を巧みに抽出して見せる、言うならば魔術師的名人芸の持主であった。

　これに対して湯川は現存の理論を変革するための新しいパラダイムを模索したのであり、この意味で彼は革命的であった。確かに彼の仕事の多くは、実際問題に直ちに応用できるような類のものではなかった。しかし、日頃われわれがごく当然のこととして受容している基礎概念に対して、反省と再考を促し、さらにはそのことによって、来たるべき理論への萌芽をも示唆する、といった役割を果たしたと言える。

　これらの結果を"T／Y"としてまとめれば、"保守的／革命的"、"穫り入れ型／種蒔き型"、そして"名人／天才"となろうか。

　これまで二つの事例を中心に考察してきたが、それ以後にお

いても，研究における両者の態度は本質的に変ることはなかった。朝永は，多体問題における「集団運動」論（多粒子系の運動の大筋を捉えること）といった技術的・数学的な性格の問題に取り組んだ。これに対し湯川は，素粒子論は基本的に時空の構造と密接に関係していると信じ，「非局所場」（場は一点だけの関数ではないとする）とか，「素領域」（先述のマルの一般化）といった新しい可能性を模索し続けた。両者のこうした傾向はさらなる"T／Y"として，"数学的／哲学的"，"職人／芸術家"，"合理的／直観的"，"批判的／構成的"，"リアリスト／アイディアリスト"等々を示唆する。

　以上のような朝永と湯川の関係は，ハイゼンベルクとボーアの場合に酷似しているようである。例えば，量子力学の解釈を巡って両者が激しい討論を重ねていたとき，ボーアは哲学的な観念を重視したのに対し（「相補性」），ハイゼンベルクは理論の数学的構造を解釈の基礎に据えようとした（「不確定性関係」）。因みにハイゼンベルクがボーアについて述べた言葉「ボーアは，本来，物理学者でなく哲学者であった」は，そのまま湯川に対しても当てはまると筆者は考えている。つまりはさらなる"T／Y"として，"ハイゼンベルク型／ボーア型"もまた許されるのであろう。

§3　話し方

　ここに，話し方とは，いろいろな目的のために，いろいろな形で自己表現する仕方一般としておく。とくに物理学者の場合には，討論や講演における話し方の他に，論文や著書の書き方なども問題になってくる。この点でも両者の相違は歴然として

いた。

　先ず学術的集会における講演の場合から始めよう。朝永は，問題の細部に至るまで熟慮に熟慮を重ね，すべてが明確になったと自らが確信したことのみを口にした，その結果，充分に傾聴するならば誰でも，彼の話をフォローし，彼の言わんとするところをその場で理解することができた。これに反し湯川は，むしろ彼のアイディアの背景や，それのもつ物理的・哲学的意義について，より多くを語るのであった。しかもそのアイディアは，しばしば思い付いたままの，磨きのかからない形で提示された——口癖の「これは本当かもしれないし，そうでないかもしれない。私にもよく分からない」と言いながら，である。当然，聴衆のほうもまた，そのアイディアが果して妥当なものか否かをその場で判断し兼ねたのであり，結局，曖昧さと深遠さとが交錯した複雑な印象に包まれたまま，講演を聴き終えるのであった。もっともこのことには，聴衆の側も多分に責任を負うべきかもしれない——湯川にはつねに新しい提言を期待したのであったから。

　つまるところ，朝永は理論の完結した，いわば現在完了形を語ったのに対し，湯川は研究を如何に進めるのか，理論の未然形により強い関心があった，ということである。この点でも後者はボーアに類似する。両者のこのような相違について，坂田が興味深い発言をしている——「朝永さんの話は，聞いているときにはよく分かるが，後になって分らないことがいろいろと出て来る。反対に湯川さんの話は，何を言いたいのか，その場ではよく分からないが，後になってその意味が徐々に分かってくる」と。ここから得られる"T／Y"は，従って"明晰／深遠"となる。

朝永の弟子たちはぼやくのであった――「先生はずるいよ。解ける問題は全部自分でやってしまい，われわれに残されたのは難しい問題ばかり」と。他方湯川の場合，事情は全く逆であった。彼の発言には，先述のように，いろいろと素材が転がっており，弟子たちはその一つを採り上げて磨きをかけさえすればよかった。その結果，運がよければ論文の一つも書くことができた。朝永はすべてに完璧であろうとし，湯川は技術的な詳細よりも，問題の大局的側面に重きをおいた。

　このような両者の特質は，当然，その著作――物理の概論や歴史や哲学についての――にも現れた。その好例が，朝永の『物理学とは何だろうか』上・下（岩波新書 1975）と湯川の『物理講義』（講談社 1975）とであろう。ここでは既述の"穫り入れ型／種蒔き型"の別の側面が顕れている。

　このことに関連して，朝永や湯川と一対一で話し合ったときのことを思い出す。朝永と物理の問題について話すときには，間違ったことを言ってはならないと極度に緊張したものである。しかし，このような緊張感は湯川との場合には全くなく，打ち解けた気分で思っていることは何でも口にすることができた――しかもそれを「ほほう，ほほう」と言いながら静かに聞いてくれたのであった。

　一般に科学者の社会(コミュニティ)には，長年にわたって築かれてきたある種のモラルが存在し，大多数の科学者たちは，それを意識すると否とに拘らず守り続けてきたように思われる。それはスポーツにおいて選手たちが，試合中，一定の規則(ルール)に従って行動するのに似ている。つまり科学者たちは，研究を行ったり，その結果を発表したり，あるいは論文や本を著したりする場合に，何をなし，何をなすべきではないかを自ずと弁えて行動してい

ると言える。その具体的内容についてはここで言及するまでもなかろう。

　しかしこの点を巡っても、両者の違いは顕著であった。先ず朝永は件のモラルをば、文字どおり遵守していたようである。例えば専門外の人々に物理について話すときでも、理解を容易にするために事実を多少歪曲したり、説明を簡単にするために常識や哲学などといった物理以外の事柄を援用することはなかった。話題が物理以外でも同様であった。要するに、自らが予め設定した土俵を踏み出すことは厳に慎んだのである。この意味で彼はあくまでもプロフェッショナルであった。

　湯川の場合はどうか。『湯川著作集』（岩波書店）の別巻（1990）には、彼が行った対談がまとめてある。対談の相手はそれぞれの分野の第一人者であり、梅棹忠夫・宮地伝三郎・吉川幸次郎・司馬遼太郎・桑原武夫・加藤周一・梅原猛・…と続く。他方、湯川自身もまた、周知のように、これらの人々と同じく第一級の文化人であり、それはともあれ、周囲にある何事にも強い関心を抱いていた。従ってこのような対談でも、たとえ話題が相手の専門にわたる事柄であっても、対等に渡り合うことができた。それのみか、専門家ならばそこまでは踏み込めないといった事柄についても、相手の意表を突くような、大胆で斬新なアイディアを提示するのであった。換言すれば、ここでの湯川は朝永とは異なり、件のモラルもものかは、しばしば相手の土俵にまで入り込んで、全く自由に議論を楽しんでいたようである。つまりここでの彼は——偉大な——アマチュアであった。

　これらの考察から、新たな"T／Y"として、"慎重／大胆"、"プロ的／アマ的"が導かれる。

§4 生き方

　科学者の気質，さらには研究に対する意欲のあり様は，時代とともに変遷しているように思われる。現代について言えば，多くの —— 勿論全部とは言わないまでも —— 科学者は，日々の研究を科学者なる職業が課する義務として行っているのでは，との印象を受ける。しかし朝永や湯川の時代には —— 多少の差こそあれ，筆者の場合も同様であった —— 研究とは自らの存在理由であり，生きていることの証左であり，つまりは人生の価値や意味を決定する要因であったかと思われる。恐らく両者とも，このような心境でそれぞれの研究経歴を開始したのではなかろうか。この種の研究態度，あるいは生き方のことを，以下では位相Lと呼ぶこととしよう。勿論Lはlifeの頭文字である。

　朝永の場合には，しかしながら，50歳の時に大きな転換点を迎える。その前年に集団運動についての研究論文を著したが，以後は研究活動から離れ，科学行政家になることを決断したのであった。こうして1956年には東京教育大学の学長に就任する。明らかにこの年齢での研究からの引退は，今日の一般常識からしても，如何にも早過ぎる。事実，彼の周囲の研究者たちは，「先生にはもっと研究を続けて頂きたい」と懇願したが聞き容れられなかった。さらに1963年には日本学術会議会長の職に就く。任期中（1969年まで）には，社会における科学（者）のあり方に関連して重大な問題が続出したが（原子力潜水艦入港問題・ベトナム戦争と軍事研究・⋯），彼はつねに合理的・科学的な方法でこれらを巧みに処理，行政家としても有能であることを示した。

先述の生き方の位相なる観点からすれば，朝永は結局二つの位相 L と L′ を生きたことになる。つまりは，50 歳の時点で相転移 L→L′ を起したのであった。ここに L′ とは，その動機・目的・意義・価値観等々において，L とは全く違った生き方を表す。しかしそれが何であれ，彼ほどの研究者が，何故このような相転移を行わざるを得なかったのか —— われわれ凡庸な研究者にはまことに不可解な問題として残る。

この疑問に対しては，勿論のこと，これまで様々な説明が与えられている。何れも充分に説得力をもつとは言い難いが，その一部を以下に紹介しておこう。先ず言われるのは，1951 年における彼の師仁科芳雄の急逝である。仁科が担っていた数多の行政的な雑務を継承し得るような人物は，朝永を措いては先ず考えられなかった。弟子としての義務感からか，あるいは運命としての諦念からか，彼は静かにそれを受け容れた —— との説明である。ここには確かにかなりの真実が含まれている。しかし，すべてを説明するものではない。例えば，仁科の担っていた仕事の中には，明らかに東京教育大学学長職は含まれていない。朝永が学長職に就いたのには，何かそれ以外の理由があった筈である。これについては尠くとも次のことが言えるかと思う。

すでに述べたように，朝永は理論物理学における最高の職人であった。そもそも職人が世に問う作品は，つねに水準以上のものでなくてはならない。それ故，腕が落ちれば，あるいは腕を発揮するのに必要な体力や精神力に衰えを感じたならば，仕事は止めねばならない —— これが職人気質というものであろう。彼が 50 歳でこのような心境にあったとは，筆者には到底思えないが，完璧主義の彼には何らか感じるところがあったのかも

しれない。

　このことを断定するに足る材料は筆者はもち合わせていないが、ただ次のことだけは確かであろう。すなわち、朝永は自分自身やその周囲で起っている事柄を、冷静かつ客観的に眺めることができる人であった。従って相転移 $L \to L'$ も、そのような観察の結果としての決断であり、決して後悔するようなことはなかったろう、ということである。それはともあれ、この勇気ある決断に古武士の如き潔さを見るのは、決して筆者だけではないであろう。

　さて、これに反して湯川の場合は構造的に全く単純であった。生涯にわたって単一の位相に留まり、所期の目的達成のために精励し続けたからである。事実、晩年の湯川に次のような発言があった――「生涯にわたる私の研究の窮極的な目的は、局所的な場の理論に代るべき新しいパラダイムを見出すことにある。その意味では、私の中間子理論も、言わばその道程における一副産物であり、5年もすれば片付く仕事だと思っていた」（大意）と。

　しかしながら、彼の歩まんとした途は険しいものであった。研究自体のもつ諸困難に加うるに、他からの酷しい批判にも堪えねばならなかった。例えば「興味ある問題だが時期尚早」とか「研究に必要な数学をもち合わせていない」といった類の言葉である。しかし、それにも拘わらず、彼は問題追求を止めようとはしなかった――自らの目指す方向は絶対に正しいと信じて、である。このような生き方に、筆者はこの上もない美しさを感じるのである。

　位相 L における行動の一環として、さらに付言しておくべきことがある。核兵器廃絶を訴えた「ラッセル・アインシュタイ

ン宣言」(1955)の署名者の一人として,「パグウォッシュ運動」に挺身し,さらにこの目的実現のために自ら「科学者京都会議」をも組織した(1962)。とくに晩年の病軀をおしての会議出席は美しいと言うよりは壮絶ですらあった。因みに,ここでもまた朝永や坂田はよき協力者であった。

　以上の考察は"相転移への決断／単一相への徹底","潔さ／美しさ"とまとめられよう。

　こうした二人の生き方は,喩えて言えば次のようになる。朝永は,峻峯に構築された城砦に立て籠る軍勢の大将である。見晴し台から望見して,包囲する敵軍に弱点ありと見れば,直ちに出撃してこれを討つ。しかしながら,もし味方に確かな勝算がなければ,徒な出撃は控え,城内に留まって軍勢を鍛え,来たるべき戦闘に備える。その結果,戦えば必ず勝つこととなり,常勝の将としての名声を博する。もっとも,このような名声を保ち,つねに人々の期待に応えるためには,絶えざる研鑽と,精魂を磨り減らすような忍耐とが必要だったに相違ない。

　同じ言い方をすれば,湯川の場合はこのようになろう,すなわち,戦うべき敵が眼前にある限り,とにもかくにも戦わねばならない。たとえ味方の軍勢が非力であっても,たとえ味方に勝算がなかろうとも,である。そこには竹槍戦法をも辞せず,の決意があった。

　しかしながら湯川に対しては,次の比喩のほうがより適しているかと思う。生涯を通して彼は旅人であった。——遥かな地では自らの理想が実現されると信じて,一時もその歩みを止めることはなかった。初期の頃それは,青空の下,花咲き鳥歌う草原をゆく,春の旅であった。これに反し後年には,まさに吹雪の中をゆく孤独で酷しい,冬の旅と化した。この行を認めな

がら筆者は，かのシューベルトの歌曲集「冬の旅」の最終曲「辻音楽師」の情景を想い浮かべている —— その基調は悲愴。

因みに彼の自伝が『旅人』（朝日新聞 1958）と題されているのも，まことに宜(むべ)なるかなである。歌集『深山木』（私家本 1971）には次の一首がある。

　　　雪近き比叡さゆる日々寂寥の
　　　　きはみにありてわが道つきず

湯川 38 歳，終戦の年の暮の作であるが，その生涯を象徴する一首と言える。以上を"T／Y"として表現すれば，"常勝の将／終生の旅人"となる。

付記

　朝永・湯川の対比論は，言うなれば筆者の終生の研究テーマの一つである。その第一報は『朝永振一郎著作集』（みすず書房）第二巻の月報（1982）における「朝永 vs. 湯川」である。第二報は，朝永・湯川生誕百年にあたり，英文 "Tomonaga and Yukawa, as contrasted" として AAPPS Bulletin（アジア・太平洋物理学会連合機関誌）vol. 17, No. 1 (2007) に発表した。これを言わば意訳した原文に，さらなる改訂・増補を施したものが，この第三報である。

　おわりに，数多の情報を提供して頂いた小沼通二氏に謝意を表したい。

第3章

グラムシの言葉と湯川・朝永・坂田

知ることから分かることへ,
感じることへ,そしてその逆,
感じることから分かることへ,
知ることへ——の移りゆき

A. グラムシ『獄中ノート』

§1

　この言葉を初めて知ったのは,もう30年近くも昔のことになる。当時はまだ伯父Iも健在で,ある日彼を訪ねると,机上に開いたままになっていたページにこの言葉があった。それは中野重治のエッセイ風の文章だったかと思うが,記憶は定かでない。はじめのうちはリズミカルな言葉だと感じ繰り返し口ずさんでいると,次第に,これは大変な言葉らしいなと思われてきた。

　しかし,感じるはよいとしても,知るとか分かるとは一体,何を意味するのか。伯父のもっている原本によると,もとのイ

タリア語では，知る sapere，分かる comprendere，感じる sentire，となっている。対応する英語などもすぐ頭に浮かんだが，だからと言って，グラムシがこれら三つの動詞に託したであろう正確な意味合いを理解したことにはならない。グラムシ自身はというと，この言葉をごく自然なこととして，さっさと論を進めているらしい。

あれこれ考えあぐねている私を見て，伯父がポツリと口にした——「これは恐らくカントのいわゆる感性・悟性・理性を，誰にでもその意味が感じられるような仕方で言い表したものではなかろうか」と。これは有益なヒントであった。グラムシの言わんとしたことが，おぼろげながら分かりかけてきたからである。すなわち，

物事を理解するのには三つの段階がある。まず段階Ⅰ感じるでは，感覚的・経験的に得られる直接的な知識を収集し，そして，味わうこと。段階Ⅱ分かるでは，それらの素材を一定の立場から系統的に分類・整理し，全体として見直し考え直すことであり，段階Ⅲ知るでは，前段階の結果のよってくる理由，さらにはその原理を明らかにすること，となる。

従って，物事をよく理解するためには，まず段階Ⅲ→Ⅱ→Ⅰの順に，次いでその逆のⅠ→Ⅱ→Ⅲの順に，それぞれの段階に特有な仕方で考えることが肝要である。また理解を一層深めてゆくためには，このグラムシ過程を両方向に，何度でも繰り返すべきである，ということになる。伯父との会話は，おおよそ，このようなところに落ち着いた。

§2

　とこうするうちに，右のグラムシ過程は，私の専門とする理論物理学での常套的手段そのものではないか，と思われてきた。実際，物理理論は，多くの場合，Ⅰ→Ⅱ→Ⅲの上昇過程を経て確立されるからである。

　少々敷衍してみよう。まず研究の対象をAとする。Aとは，例えば「素粒子物理」とか「超伝導」といった大きな問題だとしておく。詳しく見ればAには，一般に，種々の現象$A_1, A_2, \cdots$が含まれていよう。例えば前者の場合，個々の素粒子の様々な性質や，それらの相互作用の仕方等がこれに当たる。

　さて，段階Ⅰ感じるでの作業は，まず各A_i ($i=1, 2, \cdots$)の実験データをよく調べてみることから始まる。すなわち，A_iはどのような性質のものか，あるいは，どのような条件下でどのようにして起こるのか，等々を詳細に調べ，かつこれらA_i間の相互関係をも明らかにするのである。この作業によって，対象Aに関する知識を文字どおり体得する——つまりは，どんな場合にはどうなるのかについて，別に資料を参照しなくてもおおよその見当が付き，あるいは勘が働く程度にまで，自らをAになじませるわけである。

　理論家としてさらになすべきは，各A_iに何らかの規則性があるかどうか，もしあったとすればその理由は何か，ということの理論的説明を考えることである。ここで理論的と言ったが，初めかられっきとした理論があるわけではない。常識・直観・類推，あるいは拡張や仮定など，手持ちの便宜的思考手段を総動員し，ともかく一応の説明を考え出すのである。この際，構造についての仮定，すなわち模型(モデル)を導入することも屢々有効で

あろう。単一の模型が——もしそれが適当なものであれば——複数個の A_i に対する説明を与えるからである。さらにはまた，例えば A_1 に対する説明と A_2 に対する説明とが互いに矛盾するかに見える，といったことが起こるかもしれない。しかし段階Ⅰでは，この種の不整合はしばし看過しておく。

　要するに段階Ⅰは，形式的に見れば A に対する現象論の構築であり，内容的には実務家(プラクティショナー)の業務に喩えられよう。そこでこの段階を実務家の段階と呼んでおく。

　段階Ⅱ分かるでは，まず前節で述べた立場を固定しなくてはならない。ここではそれを，前段階で得られた素材を数学的に分析・総合し，全 A に対する一つの理論を確立することとする。ここに理論とは，前段階での結果のすべてを，数学的に定式化された前提，すなわち法則から導出し得るような数学的形式の謂である。ただしこの際の導出は，もっぱら数学的な推論や計算によるべきであり，前段階で援用したような便宜的手段は一切排除されねばならない。もし何らかの援用が避けられないとすれば，それは完全な理論ではなかったことになる。言うまでもなく，前段階で指摘したような不整合は，ここではすべて解消されている筈である。

　これを要するに，理論家としての実質的な業務は，この段階でほぼ終了する。つまり段階Ⅱは理論家の段階なのである。

　さて技術的理論家は，本段階でもって事畢れりとするのであろうが，原理的理論家には，さらなる段階が控えている。段階Ⅱで得られた種々の対象 A, B, … に対する理論あるいは法則が何故成立するのか，それらを支える原理は何か，を探し索める段階Ⅲ知るである。換言すれば，この段階での主要業務は，前段階で得られた諸法則に対する法則，すなわち超法則を探究す

ることにある。

　超法則は，対象が素粒子物理であれ，超伝導であれ，あるいは他の現象であれ，それぞれの理論がもつ共通性であるから，それらの具体的内容とは無関係な筈であり，ただ形式上の共通規定のみが問題となる。従って，例えば「対称性」とか「ゲージ原理」といった，極めて抽象的・数学的な言葉で表現される。言うなればそれは自然界の根本原理であり，逆にそれを基にして全物理学が構築されるべき類のものである。畢竟するに，段階Ⅲは自然哲学者の段階と言える。

　以上が理論完成までの三段階であるが，他方，いったん理論を手にした理論物理学者に対して，グラムシは次のように訓戒する。

　理論を深く理解したいと思うならば，段階Ⅰに留まって徒に事実の集積のみに終始したり，段階Ⅱに留まって形式面の彫琢のみに執心したり，段階Ⅲに留まって現実離れした空理空論に耽溺したりしていてはならない。グラムシ過程を繰り返し昇降することにより，理論が各段階でもつ意義や特質を弁え，併せて三段階相互間の関連を把握するよう努めねばならない，と。

§3

　理論物理学者Ｘ氏が理論家として成長あるいは変貌してゆく過程は，各時点で三段階のどの辺りで研究していたか，を追跡してみればよい。すなわちそれは，縦軸にグラムシ座標Ⅰ，Ⅱ，Ⅲ（それぞれ数値1, 2, 3に対応）を取り，横軸に時間を取った二次元グラフ上の曲線として表現される。このような観点から，私はこれまで何人かのＸ氏についてＸ氏論的なものを

書いてきた。

　以下ではしかし観点を変え，X氏がどの段階（またはその近傍）において研究することを好んだか，あるいは主要業績を成し遂げたか，それぞれの段階によって理論物理学者たちを分類してみたいと思う —— 例えばX氏はI型，Y氏はIII型といった具合に。勿論のこと，この分類は血液型と同じく，対象の優劣とは全く無関係である。適用例として，ここでは，わが国における素粒子論の開拓者である湯川秀樹・朝永振一郎・坂田昌一，すなわち三人組の場合を考えてみたい。

　手始めに，1940年前後の素粒子論の状況を一瞥しておく。度々述べて来たように，当時，宇宙線中に新種の粒子が発見されており，これは湯川が予言した中間子ではないかとされていた。しかしこの粒子は，湯川理論の予言とは矛盾する性質をもつことが徐々に判明する。この深刻な事態に三者は如何に対応したか。まず湯川は自らの理論が根底から間違っているのではと考えて新しい原理を模索し，朝永は湯川理論での計算法がよくないのではとしてその改善を試みた。これに反し坂田は，前章でも触れたが，矛盾が出来する物質的根拠を質し，湯川中間子と新種粒子は全くの別物とする模型「二中間子論」を提唱した。

　結果的には坂田が正しかったのであるが，何れにせよ，上の事実は坂田・朝永・湯川が，それぞれ段階I，II，IIIにおいて問題を捉えていたことを示している。以下ではこの性向を三者個別に確認してゆく。

　まず坂田から。彼は生前 —— この分野では希有のことであるが，—— 方法の人と目されていた。自らも「唯物弁証法に基づく方法を日々の研究に意識的に適用している」と公言して憚ら

なかった。このこともあってか彼は先述のように，理論が困難に直面した場合，その解決をまずは模型の改変に求めた。主要業績の二中間子論や「坂田模型」は，この方法が見事に成功したケースである。

しかしながら，これらは前節で述べた段階Ⅰにおける現象論的模型に他ならず，とくに坂田模型の場合には，これを段階Ⅱにおける本格的な理論へと格上げする必要があり，これは後年他の人々によって実現された。このように，彼は明らかなⅠ型であった。

朝永の場合はどうか。ここでもまず彼自身の言葉を引こう──「人々が困った困ったと言っているときに，こうすれば困りませんよ，といった類の仕事が自分には多い」と。その心をグラムシ的に解釈すれば──段階Ⅰにおける難問に人々が手をこまねいているときに，朝永が現れて段階Ⅱの理論をさっさと作り上げ，問題を鮮やかに解決してみせた，となろう。主要業績の「集団運動論」はその好例である。

数学を得意とし，種々の物理的要請を基に理論を構築する，いわゆる構成力に長けており，そのクライマックスがノーベル賞の対象となった「超多時間理論」である。まさにⅡ型の理論家の典型とも言うべき存在であった。

最後の湯川の場合となると，事情は些か複雑である。前半生の主要業績「中間子理論」は，朝永同様に段階ⅠからⅡへの上昇過程であった。しかし後半生に至っては，「非局所場」とか「素領域」といった極度に一般的・抽象的な概念から出発し，その上に全素粒子論を構築しようと試みた。これは明らかに段階ⅢからⅡ，Ⅰへの下降過程を志向している。しかし残念ながら，この試みは未完のまま，段階Ⅲで終わってしまった。

さて、ここでは湯川晩年の言葉を聞こう――「このような根本的理論こそが私の窮極的な目標であり、中間子理論はその途上における一副産物であった」と。これは湯川自らがⅢ型である、あるいはそうありたいと告白したものと解される。

他方、周知のように、彼はまた文化的な諸問題（創造性・天才論・学問論・平和問題・…）について、思索の程を披瀝することが屢々であった。つまり彼は物理学者としても文化人としても、斉しくⅢ型の思索家であった。

以上のように、三者が三様の型に属することは、偶然とはいえ、まことに興味深い現象ではある。

§4

わが国の素粒子論研究は、同級生の湯川と朝永が京大を卒業して研究活動に入った一九二九年に呱々の声をあげたが、その4年後には、同じく京大を終えた坂田もこれに加わる。そして、1935年の湯川中間子論によって世界の舞台へと躍り出る。

以後この三人組が中心となって研究が進められるが、とくに注目すべきは、第二次大戦中にも研究がなお続行されたことである。米英両国では主要な原子物理学者たちが戦時研究に動員されたのに対し、わが国では「中間子討論会」と称する研究会その他が、戦争の激化する1944年（11月）まで開かれていたのである。通常の学会発表では討論時間が十分取れないのに反し、この討論会では必要とあればどれだけ議論を続けてもよい、といった研究専一の場であった。三者の他にも、仁科芳雄・武谷三男・渡邊慧らも中心的な役割を担った。

ここでの討論の中から、湯川中間子論の吟味に加えて、坂田

の二中間子論（1942），朝永の超多時間理論（1943）といったノーベル賞級の仕事が生まれた。こうした戦時中の蓄積が，終戦とともに再開した素粒子研究に見事なスタート・ダッシュを与え，戦時中研究を中断していた欧米の学者たちを驚愕させる。（これについては第Ⅰ部で詳しく述べた。）

終戦の翌1946年には，物資払底の中にありながら，湯川は英文雑誌"Progress of Theoretical Physics"を創刊する。そこには戦時中に発表された論文が英訳され，まさに櫂を切ったようにして発信されてゆく。当初はその大半が朝永グループによる論文であった。

この雑誌が，いかに強烈なインパクトを世界に与えたかを示す米学者による感動的な一文がある——第Ⅰ部のエピグラフとして掲げたものがそれである。要点を纏めれば次のようになる。米国における新形式の量子電磁力学研究は，戦後ラムの新実験を契機として，J.シュヴィンガーによって始められた。他方日本においては，これよりも5年も早くS.トモナガが——戦時の混乱の中で，しかも準拠すべき実験事実もないままに——当該理論の基礎付けを行っていたのである。P.T.P.誌によってこの事実を知ったダイソンには，総てが殆ど奇跡のように思われたのではなかろうか。

因みにここでのトモナガの仕事とは，後年ノーベル賞の対象となる超多時間理論，およびその発展としての「くりこみ理論」のことを指す。

このようにして，終戦から1950年代にかけて，わが国の素粒子論はその黄金時代を迎えることとなるが，湯川と朝永へのノーベル賞はそれを象徴する事件であった。

話は大分グラムシから逸れたが，結論を急がねばならない。

湯川・朝永。坂田の三人組が，グラムシ的にそれぞれ異なる型の持主だったことは，わが国の素粒子論の発展にはむしろ幸いしたと私は観る。リーダーとしての彼等の鼎立は，互いに他のアンチ・テーゼとしての役割を果たし，ためにわが国における素粒子論研究は一方向に偏ることなく，極めて健全な発展を遂げることができたからである。どのような段階の研究を試みようとも，そこにはつねに助言を仰ぐべき師があった。この種の自由こそは，後進の研究者にとって，まことに掛け替えのないものに思われた。

　続く世代の南部陽一郎・小柴昌俊・益川敏英・小林誠らのノーベル賞へと繋がる素地は，まさにここにあったと私は考えている。

第4章

量子力学の誕生——ヘルゴラント1925

　"…それで計算の最終的な結果が出たのは，ほとんど夜中の3時頃であった。エネルギー則はすべての項で成り立っていることが証明された。そしてこれが全部ひとりでに，いかなる無理もなく出てきたので，それによって輪郭の示された量子力学の数学的な自己無矛盾性と，首尾一貫した体系をつくっていることに私はもはや疑いを抱きえなかった。

　最初の瞬間には私は心底から驚愕した。私は原子現象の表面を突き抜けて，その背後に深く横たわる独特の内部的な美しさをもった土台をのぞきみたような感じがした。そして自然が私の前に展開してみせたおびただしい数学的構造のこの富を，いまや私は追わねばならないと考えたときは，私はほとんどめまいを感じたほどだった。

　ひどく興奮していた私は寝ることなど考えることもできなかった。そこで家を後にして，明るくなりだした夜明けの中を台地の南の突端へと歩いて行った。そこには，海の方へ張り出して超然とつっ立っている岩の塔があった。そ

れは，いままでいつも私に岩登りの誘惑を呼び起こしていたものだった。私はたいして苦労することもなくその塔によじ登ることに成功し，その突端で日の出を待ったのであった。"（W. ハイゼンベルク著『部分と全体』山崎和夫訳，みすず書房，1974年。改行筆者）

　時は1925年6月16日，所は北海に漂う小島ヘルゴラント，若き天才ハイゼンベルク（W. Heisenberg）が，ついに量子力学の基本構造を確認するに至ったときの——彼自身の描いた——感動的情景である。

　前世紀初頭のプランク（M. Planck）による作用量子の発見以来，古典力学に代るべき新しい力学を求めての暗中模索，試行錯誤に多くの年月が流れた。いわゆる前期量子論の時代であり，ようやく四半世紀を経て，新しい時代への幕開けが訪れる——ヘルゴラント島の日の出とともに。

　北ドイツ，ハンブルクから高速船に乗ってエルベ川を下ること2時間，どこまでが川で，どこからが海なのかわからないくらいに広い河口に，クックスハーフェンという港町がある。そこから北西に65キロ，北海の荒波をくぐってさらに約1時間の船旅の後，ようやくヘルゴラント島に着く。フリージア諸島の1つで，南北2キロ弱，東西700メートルの超ミニ島である。砂地から成る"低地"（ウンターラント）と，厚さ60メートルくらいの赤褐色砂岩の岩盤から成る"高地"（オーバーラント）との2段構造になっている。人口は約2000。古くは海賊船の隠れ家だったり，ハンザ同盟の船の避難港だったり，国籍も時にはデンマーク，時には大英帝国，1890年以降はドイツ領となっている。現在は恰好のリゾートのようで，島を歩いているとドイツ語の中から，時にデンマー

ヘルゴラント島北端西側

ク語も聞えてくる。

　さて，再び 1925 年——以下の記述は，量子力学史研究家レッヘンベルク博士（H. Rechenberg, マックス・プランク物理学研究所-ハイゼンベルク研究所，ミュンヘン；以下 R 博士と略記）による再構成に基づいている。ちなみに R 博士はハイゼンベルクの最後のお弟子さんであり，彼の勧めで科学史に入った人である。

　1925 年当時，ハイゼンベルクはゲッティンゲン大学でボルン（M. Born）教授の助手として，量子論の研究に従事していた。しかしこの年の春，重い枯草病（現在のいわゆる花粉症）にかかってしまい，その療養のためにこの島を訪れることになった。6 月 7 日，夜行列車でゲッティンゲンを発ち，翌 8 日早朝クックスハーフェンに着く。朝食のために小さな宿屋に入ったが，そこのおかみさんが，さてはなぐり合いの喧嘩をしてきたなら

ず者かと思ったほどに，彼の顔は腫れあがっていたという．その日の船でヘルゴラントに渡り，6月19日まで滞在した．

島における彼の行動計画は，①散歩と水泳，②携行したゲーテの『西東詩篇』を読むこと，そして③物理の仕事の再開であった．おそらく③は体調を回復した11～12日頃から始められたと思われる．そして問題の6月16日の到来となる．

結局，この日の発見が，かの歴史的論文『運動学的かつ動力学的関係式の量子論的再解釈について』[6月29日受理, Zeits. f. Phys. **33** (1925) 879-893]に結実する．ボーア（N. Bohr）の対応原理を挺子にして，古典論のなかから量子論を読みとってゆく過程は，あたかも名探偵が謎を1つひとつ解きほぐし，難事件を解決してゆくさまにも似て，まことに興味津々かつスリルに富む．従来の研究では，個々の現象において量子条件の演ずる役割が，系のダイナミックス全体のなかに埋没して画然としなかったのに対し，ここではその本質がキネマティックスとして抽出されている．そのため結果が一般性を獲得し，新しい展望が開けることとなった．まことに理論の革命とは，"昨日のダイナミックスは今日のキネマティックス"［フロンスダール（C. Fronsdal）教授，UCLAの名言］なる転化にほかならない——相対論の場合もしかりであった．冒頭引用文でエネルギー保存則にこだわっているのは，その頃ボーアたちが，原子現象に対してこの保存則は統計的にしか成り立たない，などと主張していたからである．

6月19日，ハイゼンベルクは島を離れ——おそらく意気揚々と——帰途につく．同日午後，ハンブルク大学に立ち寄ってパウリ（W. Pauli）に会い，島での結果について彼の意見を求める．いつもはきわめて批判的で，歯に衣着せぬパウリが，この

ときばかりは珍しく好意的で，その線に沿って仕事を進めるようにと激励したという。

ところでご承知のように，上記論文の序文には，かの有名な哲学"物理理論はすべからく，観測可能量のみに基づきて定式化さるべし"が謳いあげられており，それに沿ってこの研究が構想され展開された——かの如き印象を読者は受ける。しかしR博士によると，事実はおそらくこれとは異なり，この"哲学"は論文執筆の際に初めてそこに盛り込まれたのではないか，というのである。

その理由はこうである。少なくとも当時のハイゼンベルクの研究においては，個々の具体的問題に対する物理的な直観が基本にあり，決して哲学主導ではなかった。実際，友人のパウリなども，しばしば彼の仕事における哲学の欠如を——たとえばボーアとの会話において——批判していたという。他方，彼の周囲の人たち，パウリやゲッティンゲン学派のボルンやヨルダン（P. Jordan）たちは，このような"哲学"——もともとマッハ（E. Mach）に根ざす——をことあるごとに論文や講演で主張していた。したがってハイゼンベルクも，そうした考え方について十分承知していたではあろうが，少なくとも彼自身の書いたものの中に，それを一般的な指導原理としてとりあげたような形跡は何ら残されていない，とR博士はいう。

しかし，ヘルゴラントからゲッティンゲンに帰り，パウリ宛に書いた6月24日付の手紙の中で，彼はこの"哲学"をあたかも新しい哲学であるかのようにこと改めて詳論し，彼が島で得た結果のすべてが，この"哲学"の下で統一され整合化されることを報告している。これはハンブルクでも，こうした話が出なかったことを示唆している。したがって"哲学"は，彼がゲ

ッティンゲンに帰り，おそらくボルンたちと議論した後の新発見ではなかったか，とR博士は推測するのである。ことの真偽の詮索は，しかしながら，現時点ではこれ以上は難しいようである。

そのことはともかく，論文は第2章から書き始め，それ以降をうまくまとめ，全体を体裁よく見せるような第1章序文を最後に付け加えるということは，日頃筆者などもよくやる手である。このように，一次資料であるべき原著論文ですら，必ずしも文面どおりに受け取ってはならないとすると，歴史的事実——もしそういうものがあるとして——を探索する科学史家の作業は，気の遠くなるほどに困難なものであり，まことに同情を禁じ得ない。

さきに量子力学発見の日を6月16日としたが，実をいうと，これはR博士が"もっとも確からしい"とした日付なのである。当時ハイゼンベルクは日記をつけていなかったし，それ以外にもこの日を確定するような資料は何ら残されていない。6月14日とか，17日である可能性も，完全には排除できないとの由である。

さて，昨2000年は"ヘルゴラント島の日の出"のちょうど75周年であり，これを記念してマックス・プランク物理研究所-ハイゼンベルク研究所およびドイツ物理学会が，この島に記念碑を設置することとなった。その序幕として，まず6月15日，ハンブルクのDESY（高エネルギー物理学研究所）で，量子力学史に関する小さなシンポジウムが開かれた。その参加者のうち，筆者を含む十数名およびその家族たちが翌16日ヘルゴラント島に渡り，午後2時からの除幕式に立ち会った。碑は高地の南端に南面して置かれ，碑文には"1925年6月，ここヘルゴラン

ハイゼンベルクの記念碑

トにおいて，23歳のヴェルナー ハイゼンベルクが量子力学——原子領域における自然法則の基礎的理論であるのみならず，物理学を超え人間の思想の深奥にまで多大の影響を与えた——の定式化における困難打開に成功した"とある。

除幕式の翌日，筆者は冒頭引用文にある"岩の塔"を探してみた。しかし高地の南端に，それらしきものは見当たらなかった。何しろ島は戦時中ドイツ海軍のUボート（潜水艦）基地であったため，英海空軍の猛爆を受け，さらに戦後も，1952年まで英空軍の爆撃演習場として使用されたこともあり，島は戦前とはその外形を一変したという。くだんの塔も，おそらくは，その犠牲になったのであろう。

島名ヘルゴラント（Helgoland）は，もと De hillige Land（= Das heilige Land）すなわち"聖なる地"に由来するという。今回の記念碑設置により，島は文字通り"量子力学の聖地"として，一般市民にも認知（または認地？）されたことになる。なお，本2001年はハイゼンベルク生誕百周年にあたる。誕生日の12月5日を中心に，ミュンヘンその他で記念の会議や展示会などが開かれると聞いている。

R博士は筆者にとって長年の友人であり，そしてまた量子力学史についての先生でもある。今回も島に渡る船の中などで，上記の物語を中心にいろいろと語ってくれた。この場所をお借りしてお礼を申し上げたい。なお，'6月16日'前後の科学史的裏付けについては，J. Mehra and H. Rechenberg: The Historical Development of Quantum Theory, Vol 2, Chapt. IV 'Sunrise in Helgoland'（Springer, 1982）にくわしい。ちなみに，全9分冊から成るこの大著も，Vol. 6, Part2 でもって近く完結するそうである。

第5章

シュレーディンガーの衝撃波

コペンハーゲンへ

§1 はじめに

物理理論は，本来，'数学的形式'と'物理的解釈'の二者より成る。このうち後者は，前者中に含まれている記号や表式がどのような物理的意味をもち，どのような物理的現実に対応するかを明らかにすることである。これなくしての前者は，ただ一群の数式たるに止まる。古典物理学においては，物理量がそのまま変数として数式中に現れるので，改めて物理的解釈を施す必要はなかった。しかし量子力学に移るや事態は一変する。無限次元の行列とか，ヒルベルト空間の射線といったように，記号や表式が抽象的となり，現実との対応関係が自明ではなくなるからである。

量子力学の発展史においては，しかしながら，物理的に正しいと思われる数学的形式が先行し，その物理的解釈が後追いするという経過を辿った。1925年6月ハイゼンベルクによる量子論の行列的構造の発見に始まり，翌26年6月シュレーディンガーが波動力学に関する6篇の論文を書き終えるに及び，量

子論の数学的形式はほぼ完成する。しかしその物理的解釈の確立までには，さらなる一年を要したのであった。

　これと相前後してシュレーディンガーは盛んな講演活動を開始するが，そのクライマックスは1926年10月のコペンハーゲン訪問であったといえる。ここでのボーアやハイゼンベルクとの討論は激烈かつ徹底的なものであり，その結果，解釈問題の重要性・緊急性が改めて浮き彫りにされる。まさにシュレーディンガーの訪問がコペンハーゲン学派に一大衝撃を与えたというべく，これを契機に彼等はこの問題と真正面から対峙し，その解決を目指して全精力を傾注することとなる。

　本特集では，人間シュレーディンガーのもつ豊かな多面性に関して，各著者がそれぞれの観点から，直接的な考察を試みられると仄聞する。しかし以下の小稿では，コペンハーゲン学派が受けたこの衝撃を背景に，シュレーディンガー像の，いうなれば陰画を一枚，エッセイふうに描いてみたいと思う。

第5章　シュレーディンガーの衝撃波　213

§2 コペンハーゲン 1926

シュレーディンガーの到着までの時間を利用して，1926年当時のボーア研究所の状況を一瞥しておこう．ド・ブロイの物質波動論の提出は1923年9月のことであるが，これが直ちにコペンハーゲン学派の注意を惹くには至らなかったようである．実際，スレーターの語るところによれば[1]，"1924年春の時点でド・ブロイの仕事を知っている人は，コペンハーゲンには誰も居なかった．翌25年始めになってようやく彼の論文が研究所に届いたのだが，その新説が知れ渡るまでには，なおかなりの時日を要した"らしいのである．

何故このような事態となったのか，いくつかの理由が挙げられる．まず第一にパリが量子論研究の中心地ではなかったので，手紙や人物の往来が殆どなかったであろうこと．第二にコペンハーゲンでは，（電磁）場は波動，物質は粒子という従来の考え方がやはり人々の心の底に残っていたのではないか．実際，ボーアは光量子の考えを当初あまり好まなかったし，コペンハーゲン学派 —— ボーア・クラマース・ハイゼンベルク等 —— の量子論研究は，粒子としての電子の力学を，対応原理に基づいて量子論化することに集中していたのである．

第三に，これは筆者の全くの想像に過ぎないが，パリ学派に対して一種の不信感があったのではなかろうか．事は1922年の新元素ハフニウム（$Z=72$）の発見時に遡る．その解釈を巡って，コペンハーゲン・パリ両学派間に論争があり，結局はボーア模型に基づく前者の解釈に軍配が上がった．この事件が尾を引いていたのではと想像される．要するに量子論研究に関する限り，パリは田舎なのであった．

ところで1926年10月の時点のボーア研究所には、ボーアの他に彼の助手役としてハイゼンベルク、研究員としてディラックとクラインが居た。また驚くべきことに、日本からの留学者が5名も居たのである――仁科芳雄・堀健夫・杉浦義勝・木村健二郎そして青山新一。このうち後二者は化学が専門であった。当時研究所はコペンハーゲン大学付属「理論物理学研究所」（1985年「ニールス ボーア研究所」と改称される）と称していたが、上記の人たちの何人かは、地下の実験室で、物理や化学の実験研究に従事していたのである。因みに当時の'理論物理学'には'新しい物理学'の意味も含まれていたらしい。

以上は研究所のソフト面であるが、ハード面についても一言しておかねばならない。1920年の研究所発足時には、（現在は）C棟と呼ばれている3階建ての一棟のみであったが、1926年になってA, K二棟が竣工した。これを機にC棟3階（屋根裏部屋）には三つのアパートが設けられ、その一つにハイゼンベルクが住み込んだ。またA棟は2階建ての小さな建物で、「ヴィラ」とも呼ばれ、これはボーア一家の住居に当てられた。当時のデンマークでは、施設の長はその構内に住み込む習慣があったからである。こうして、この新築早々のヴィラへの（おそらく）著名客人第一号がシュレーディンガーとなるわけである。

§3 衝撃波到来

この年の7月21日、シュレーディンガーはミュンヘン大学のゾンマーフェルトのセミナーで講演し、これにはハイゼンベルクも出席する。しかし講演後の討論から彼は、いまや自らの行列力学が波動力学の大波に呑み込まれんとしているとの危機

感を覚え，早速ボーアに手紙を書き，直接シュレーディンガーと話し合う必要があると訴える．これを受けて ── とハイゼンベルクは推測するのだが，あるいは波動力学がただならぬ理論だと自ら察知してのことか，ボーアはデンマーク物理学会からの招待状（9月11日付）をシュレーディンガー宛に送り，彼からは"10月1日そちらに着きます"との返電（9月28日付）が届く．こうして彼は単身コペンハーゲン学派の陣中に降り立つこととなる．

　当日コペンハーゲン中央駅には，ボーアや（おそらく）ハイゼンベルクが出迎える．後者の自伝『部分と全体』によれば[2]，ボーアとシュレーディンガーの討論は，到着早々駅頭から始まったらしい．下って10月4日，シュレーディンガーは，当市の工科大学の大講堂において，物理学会会員約100名を前にして，「波動力学の原理」と題する講演を行った．自らの最近の成果について述べるとともに，コペンハーゲン学派の量子論との違いについても強調したと思われる．

　しかし何分にもこれは公式の行事だったので，司会のボーアもここでは大変大人しく，続いて行われた晩餐会でも"素晴らしい"，"お見事"等々の賛辞を連発して客人を褒め上げた ── とこのように目撃証人の堀氏は伝えている[3]．しかし，本格的な議論は，翌日午後の研究所セミナーから開始される．

　本来，ボーア・ハイゼンベルクのコペンハーゲン二人組とシュレーディンガーとでは，考え方に根本的な相違があった．前者は粒子論から出発し，不連続的な遷移'量子飛躍'を量子現象の本質であると考えた．これに対して後者は波動論の立場から，量子現象すべてを連続的な変化として理解できると主張した．こうして両者の討論は全くの正面衝突となり，前日の講演

会とは一転，研究所はまさしく激論の場と化した。ボーアにとって幸いなことに，そしてシュレーディンガーにとっては不幸なことに，双方ともヴィラ内で起居をともにしていたので，討論は連日朝早くから始まり，ときには夜遅くまで続けられた。シュレーディンガーには暫時の避難所もなかったわけである。

もともとボーアという人は，普段は親切で礼儀正しいのであるが，いざ物理の議論となると，それに熱中してわれを忘れてしまうところがあった。とくにこのときの討論は，そばに居たハイゼンベルクの言葉を借りるならば[2]，"一歩たりとも譲らず，ほんの僅かな不分明をも絶対に許さない，殆ど狂信的ともいえる仮借ない態度だった"らしいのである（この状態のボーアを，筆者自身も一度研究所のセミナーで目撃したことがある：第1章§4参照）。

このような激論が数日も続き，疲れ果てたシュレーディンガーは，遂に熱を出して寝込んでしまい，ボーア夫人マーグレーテの手厚い看護を受けることとなる。他方，ボーア自身も'病室'に彼を見舞ったのであるが，そこでも議論は再燃し，時折廊下を通るハイゼンベルクの耳にも"…をあなたは認めねばなりません"というボーアの声が聞こえてきたとの由である[2]。このとき病室内でどのような議論が交わされたかは，勿論，想像する他はない。

ここで話は逸れるが，ボーアが関与した密室内二者会談でもう一つ有名なものがある。第二次大戦中の1941年10月，独軍占領下のコペンハーゲンを訪れたハイゼンベルクとの会談で，おそらく原爆製造を巡っての微妙な問題が話し合われたか，と想像される。これに興味を抱いた英国の作家M. フレインが，会談を「コペンハーゲン」と題する戯曲に仕立て上げ，これは

わが国でも数回上演されている。

　ところでコペンハーゲンにおけるボーアとシュレーディンガー間の討論については，ハイゼンベルクが前出の「自伝」の中で[2]，二人の対話形式にしてまとめている。そこでこの対話を借用かつ転用し，それにフレインふうの味付けを施して（？），一幕一場の仮想劇「病室にて」を書いてみた。紙幅制限のため，以下にその短縮版を紹介する。

§4 「病室にて」

　とき：1926年10月 x 日（$5 < x \leqq 10$）午後，ところ：ニールス ボーア研究所構内ヴィラ二階の一室。登場人物：ボーア（B），シュレーディンガー（S），マーグレーテ夫人（M），通行人にハイゼンベルク。ボーア，病臥中のシュレーディンガーを見舞うために病室にやってくる。

B　シュレーディンガーさん，お風邪は如何ですか。
S　まあ，少しはよくなったようです。
B　それを聞いて安心しました。何分にもこの時期のコペンハーゲンは気候がよくないもので。それにしましても，このたびのあなたの新理論は全く素晴らしいものですね。深い感銘を受けました。さすがはウィーンのお方，それは一つの芸術作品でもあります。クリムトの華麗さ，シーレの斬新さを漂わせながら，しかも全体がワーグナー建築のような端正さを具えています。まさに世紀の大論文ですね。
S　過分のお言葉，おそれ入ります。
B　しかしその反面，私には納得のゆかない点も多々あります。

そう言いながらボーアはベットの片隅に腰を下ろす。どうやら長期戦の気配である。

S　それは当然でしょう。私たちの立場は，出発点からして大違いのようですから。もし私の理論が美しいといえるのでしたら，その最大の理由は，あなた方のように，量子飛躍などという不恰好な代物をもち込まなくても済むからでしょう。それはともかく，私にもあなた方の原子模型で理解しかねる点が沢山あります。

B　つまり私たちは基本的な点で，お互い理解し合えていないということのようですね。私たちはですからあらゆる機会を利用して，徹底的に話し合わなくてはならないのです。

S　……

B　ただその際に，一つ忘れてはならないことがあります。私たち双方の考え方には，それぞれ長所もあれば短所もあります。そういうわけで，一方が正しくて他方が間違いだとする可能性の他に，双方の長所を採り入れる第三の可能性があることにも留意しておかねばなりません。

S　では私のほうから質問させて頂きましょう。まずあなた方は，粒子としての電子が一定のエネルギーを保ちながら，原子核の周りを廻っているとおっしゃいます。何ら電磁波を放射しないで，どうしてそのような運動が可能となるのですか。それでは電磁気学の原理に反します。もう一つ，電子エネルギー E_1 の軌道から $E_2 (< E_1)$ の軌道へ量子飛躍するとおっしゃいますが，この飛躍は徐々に起こるのか，それとも突然に起こるのか，一体，どちらなのですか。もし徐々にだとしますと，電子は次第にエネルギーを失い，それに応じた振動数の光を放射

しなくてはなりません。それではスペクトル中に鋭い輝線を期待できないでしょう。他方，飛躍が突然起こるのだとしますと，電子は確かに振動数 $\nu = (E_1-E_2)/h$ の光子を放射するでしょう。しかしその際電子はどのように運動するのですか，その説明が全くありません。電子は予め自分の行き先を知っているかのように見えます。その説明のために，さらに奇怪な 'BKS 場' などをもち出さないで下さい[4]。

B　あなたのご指摘は全くごもっともです。しかしそれは，量子飛躍があり得ないということの証明にはなっていません。それはただ，私たちの言葉や概念が量子的世界の記述にはもはや適していない，ということをまさに示しているのです。私たちは新しい物理的現実に直面しているわけですから，それに相応した新しい言葉や概念を必要としているのです。

S　私はここであなたと言葉や概念構成についての哲学的論争をしようとは思いません。私はただ，原子の内部で物理的に何が起こっているのかを知りたいだけなのです。

B　おやおや，マッハやウィーン学派の哲学者たちを生んだ都市ご出身——とは到底思えないようなお言葉ですね。そもそも昔トムソンが発見し，ローレンツが論じた電子も，いまあなたや私が問題にしている電子も，電子自体に何ら変りはありません。電子が最近になって古典的行状を悔い改め，突然量子的行動を始めたわけでは決してありません。ですから変るべきなのは，つまり量子化されるべきなのは，私たち自身の考え方なのです[5]。たとえ哲学がお嫌いでも——私は決してそうとは思いませんが——少なくともこのことだけは，あなたにも認めて頂かなくてはなりません。

ボーアがここで余りにも大きな声を出したので、たまたま廊下を歩いていたハイゼンベルクもびっくりする。

B　それはそうとしまして、量子飛躍という言葉がお嫌いなのでしたら、それなしであなたは原子の特徴を、一体どのように説明しようとなさるのですか。

S　エネルギーが E_1, E_2 に対応する波動関数をそれぞれ φ_1, φ_2 としましょう。$t = 0$ で φ_1 だった波動関数が、t とともに φ_2 の成分が加わって φ_1, φ_2 の一次結合となり、$t = T$ では φ_1 の成分が消え φ_2 だけになる、というような連続変化は容易に考えられます。ですから、あなた方が量子飛躍に帰着されている光の放射も —— これについてはまだ詳しく調べてはいませんが —— 何れごく自然な形で解決されるだろうと期待しています。あなた流に申しますと、新しい言葉'物質波'を用いますと、様相はこのように一変するのです。

B　いいえ、それは正しくありません。ただ事の本質を隠蔽しているに過ぎません。とにかくですね…

　ここでマーグレーテ夫人が、室内の偵察を兼ねて、お茶とお菓子をもって入ってくる。そしてシュレーディンガーに向かって

M　3時のお茶をどうぞ。

　シュレーディンガーは、会釈をしただけでお茶を飲み始める。話の腰を折られたボーアは仕方なく立ち上がって窓辺にゆき、窓外の公園を見やりながらブツブツ呟いている。間もなくお茶を終えたシュレーディンガーは夫人に向かって

S　さすがは本場のデェニイッシュ・ペイストリー、美味しく頂きました。

第5章　シュレーディンガーの衝撃波

これに笑顔で答えた夫人が後片付けをして退出すると，ボーアは再びベッドの傍らに戻り口を開く。

B　とにかくですね，あなたは議論のどこかで不連続性を導入しなくてはならないのです。プランクの公式に対するアインシュタイン流の導出法を思い出して下さい。そこでは，電子が離散的なエネルギー値を取るだけではなく，それらのエネルギー値の間を不連続的に遷移することが決定的に重要です。ですからあなたの理論でも，どこかでこうした不連続性を導入しなくてはなりません。

S　私はまだ波動論と統計力学との関係を十分に検討してはおりません。しかしゆくゆくはプランクの公式も，おそらくこれまでとは全く違った仕方で導き出せるだろうと期待しています。

B　いいえ，そういう期待は決して叶えられないでしょう。そもそも量子物理には，理論的にも実験的にも，1/4世紀に及ぶ蓄積があります。理論のあれこれはしばらく措くとしましても，実験面ではシンチレーション検出器とかウィルソン霧箱の中で，私たちは量子飛躍現象を直接観ることができるのです。こういう現実を無視することは到底許されません。

S　そんなグロテスクな量子飛躍といった代物から逃れられないのでしたら，私は量子論の分野へ入り込んだことを大変残念に思います。

B　いえいえ，あなたが波動力学を創り出して下さったことに，私たちは心から感謝しているのです。それは数学的明快さと簡潔さにおいて，私たちの量子論より遥かに優れており，量子論に新しい視点を与えることは明らかです。

　ボーアの病気見舞が長くなり過ぎたのを心配したマーグレーテ夫人

が再び入室し，ボーアに告げる．

M　ニールセンさんが大学本部の委員会に出掛けましょうと，もう下でお待ちです．

　ようやく腰を上げたボーアは

B　もう一つ，あなたのψ-関数の物理的意味についてもお聞きしたかったのですが，またのときに致しましょう．どうぞお大事に．

　ボーア，ドアの近くまで歩を運ぶが，再び振り返り

B　それにしましてもあなたの理論はシェーンです，ヴンダーバーです．それではシェーネン・ターグ・ノッホ！

　ボーア退出．シュレーディンガーようやく解放されてヤレヤレの風情，疲れたので一眠りしようと目を閉じる．照明が落とされて幕．

§5　余波コペンハーゲン解釈を生む

　このようにシュレーディンガーとボーアは，結局，互いを理解し合えないままで別れることとなる．これは，いまから見れば，むしろ当然の結末といえる．両者とも，さらには当時の何人も，量子論に対して首尾一貫した解釈をもち合わせていなかったからである．この訪問は，しかしながら，双方に大きな影響を残す．

　実際，シュレーディンガーはボーアの人間性に深い感銘を受けたようで，ウィーン教授宛の手紙（1926.10.21付）[6]の中で，"ボーアは半神ともいうべき存在であるのに，大変親切で思い

やりがあり，決して謙虚で図々しさがないとはいえないまでも，見習い僧のように恥ずかしがりやで…"とその印象を伝えている。他方ボーアは，波動力学のほうが古典論との対応が見易く，そこから量子論の新しい側面が見えてくるのでは，と思い始める。これはハイゼンベルクが，波動力学の有用さは認めつつも，なお行列力学の優越性を示し続けようとした態度とは対照的である。

　何れにせよ，シュレーディンガー衝撃の余波は，この両者に，解釈問題こそが量子論の緊急課題であることを再認識させ，その解決を強く迫ることとなる。おそらくこれに続く数カ月は，二人の天才ボーアとハイゼンベルクの共同研究が，集中・緊張・充実・持続のあらゆる面で最高潮に達したときではなかろうか。

　この時期，二人はともに研究所構内に住んでいたので，夜な夜なボーアはC棟3階にハイゼンベルクを訪ね，議論を重ねるのであった。それはしばしば深更にも及んだという。この際両者の採った基本的方法は，問題を直接理論的に考察するのではなく，適当な思考実験を案出し，これを量子論的に分析することにあった。因みにこうした思考（のみならず実際の）実験装置の発案こそ，ボーアのまさに特技とするところであった（第1章§2参照）。しかしながら両者の問題意識に関しては，大きな懸隔があった。ボーアにおいては，粒子・波動の両概念をどのように両立させるのか，さらには，量子現象の記述を可能にするような言語や概念はどのようなものか，が最大の関心事であった。つまりボーアのいわゆる'量子力学の認識論的問題'である。これに対してハイゼンベルクは，すでに確立された（と考えられる）理論の数学的形式を発想の基礎においた。思

考実験の分析においても，理論が許す観測可能量とは何か，というふうに問題を捉えた。この考え方は，実は，前年にその逆，すなわち観測可能量が理論を決定すると主張したとき，アインシュタインから教え諭されたことに他ならない。

'合宿' しての共同研究は，それが順調である間はよいが，困難に遭遇したような場合には逆の効果をもつ。ボーアは物理的解釈を理論の外から付け加えようとし，反対にハイゼンベルクは，理論の（数学的構造の）中から導き出そうとした。こうした考え方の相違は，次第に両者間に気まずさを生むこととなる。議論すればするほど，困難はただ煮詰まってゆくように思えた。そこでボーアは，翌27年2月，気分転換のためノルウェーへスキーに出掛ける。そしてこの暫時の別行動が好結果に繋がる。

4週間のスキー中に，ボーアは粒子像と波動像を統一する'相補性'の構想に到達し，一方ハイゼンベルクはかの不確定性関係 $\Delta x \cdot \Delta p \gtrsim h$ を発見していたのである。ここに相補性とは，'互いに対立する概念を適当な仕方で併立させることにより，初めて問題の全体像が把握される'，とする考え方である。

この二つの結果をどのようにまとめるのか，さらに議論が続いたが，6月になってパウリがコペンハーゲンにやってきて議論に加わり，ようやく二人は共通理解に達することができた。賢者パウリの裁定がこの際も物を言ったのである。すなわち'コペンハーゲン（あるいは標準的）解釈'の成立である。ここでのボーアの最大の寄与は，'（例えば）電子は粒子なのか，あるいは波動なのか'といった設問は量子論では意味がなく，正しくは'電子はどのような状況下で粒子として，あるいは波動として，さらには一般の仕方で振舞うのか'と問うべきである，としたことにある。

第5章　シュレーディンガーの衝撃波

この解釈は現代的に表せば，以下のようにまとめられる。'系の状態$|\ \rangle$に対して任意の物理量 A（その固有値，固有状態をそれぞれ $a_i, |a_i\rangle$ とする；$i=1,2,\cdots$）を観測したとき，観測値 a_i の得られる確率は $|\langle a_i|\ \rangle|^2$ であり，この観測値の得られた直後の系の状態は $|a_i\rangle$ に転化している'。このようにして，対象となる系は，観測の仕方（A の選択）に応じた振舞いを示すこととなる。観測に伴う状態の変化，いわゆる'波束の収縮'$|\ \rangle \to |a_i\rangle$ の中に，ボーアやハイゼンベルクの固執した不連続変化が実現している。

上の結果をボーアはヴォルタ没後百周年記念の国際会議（1927.9.16 於コモ湖畔）で発表したが，"いつものようなボーア教のご託宣"と評されたように，聴衆には充分理解されなかったようである。おそらくは"ボーアは考えるときは明晰だが，書くものは（従ってこの講演原稿も）不分明"（アインシュタイン）[7]だったのかもしれない。

小稿冒頭で述べた理由から，'物理的解釈'の最終的総括を行ったコモ講演でもって，量子論は初めて'量子力学'と呼ぶに値する物理理論となり得た，とするのは如何であろうか。もしこの説に賛同が得られるならば，学術的にも，そして個人的にも，甚だ喜ばしいのである。量子力学と筆者は全く同年齢（ただし後者が3日だけ年長）となるからである。

§6 何故波源を離れたのか

周知のように，その後シュレーディンガーは量子力学研究の第一線から身を退いた。それは何故か。これは難問であると同時に，複雑・微妙な要素を含んでおり，その解答もまた複雑・

微妙たらざるを得ない。それ故，現時点での筆者の解答も ── 勿論憶測の域を出るものではないが ── いくつかの可能性の間で揺れ動いている。

（1） まず，プランクやアインシュタインと同じく，コペンハーゲン解釈を受け入れ難かったことがあろう。とくに確率的解釈や波束の収縮といった理論への添加物が，理論の端正さを損ねる'見苦しい'ものとして，彼の眼に映ったのではないか。あるいは何れ時がくれば，自らの好む方向に問題が解決されるだろうとの楽観的期待あるいは確信があったのかもしれない。

（2） ボルン宛の手紙（1946）[8]で，"私には科学の美を追究することが至上の目的です。美は私にとって科学以前のものです"と書いている。つまり彼においては，'美ならざるは理論に非ず'であったろう。第Ⅰ部でも述べたことだが（注81），キプロス島の王ピグマリオンは，自ら象牙に彫り込んだ女性像の美しさに魅せられ，惚れ込み，身をやつし，…とギリシャ神話にはある。シュレーディンガーを継いで「ダブリン高等研究所」理論物理部門の長となったJ.L. シング教授は，この物語に因んで，'自分の作った理論が，たとえ実証の見込みがなくとも，あるいは多少の欠陥があっても，なおそれに執着して研究し続けること'を戒めて，これを'ピグマリオン症'と呼んだ。シュレーディンガーの波動力学に対する態度にも，シングとはまた別の意味の，つまりピグマリオン的なところがあったのではないか。彼の彫刻は美し過ぎて，自らはさらなる鑿を加える気に到底なれなかったのであろう。件の神話の場合には，事態を憂慮した美の女神アフロディテが彫刻に息を吹き込み，結局二人は結ばれる。波動力学の場合は如何であろうか。女神の役を果たすの

は，あるいは美しい観測理論なのかもしれない。

（3）　コペンハーゲン学派は，長年にわたり，量子論研究の，いわば熾烈な地上戦を戦ってきた。そこには敵を最後まで追いつめねば止まぬ，執拗なまでの徹底さ・一途さがあった。これに反してシュレーディンガーの場合は，突如（1925年11月頃か）落下傘降下してこの戦闘に参画したかに見える。それ故，もし戦況不利となれば，直ちに他の戦場に転進することも選択肢の一つであったろう。要するに，彼の態度の中には，一途さとは対極的な'ゆるやかさ' ── ウィーン気質の現れか ── があったように筆者には思える。ヨーロッパで長距離列車に乗っていると，ドイツ国内では時刻表どおりに運行するが，オーストリアに入るや遅れが目立ち始める ── そういった類の'ゆるやかさ'である。因みにこの傾向は，彼の生き方全般にも妥当するのではなかろうか。

（4）　コペンハーゲン解釈は，上述のような技術面における'見苦しさ'以上のものをも含んでいる。本来，物理法則とは物理的実在そのもの ── 客体 ── に対する絶対的な規則性を意味するものであった。しかし新しい量子力学解釈における法則は，物理的対象と人間（観測者）── 客体と主体 ── との相対的な関係を律するものとなっている。まさに法則概念におけるコペルニクス的転回である。自然（世界）記述におけるこのような主客の分離・対立こそ，シュレーディンガーの最も忌み嫌うところではなかったのか。特に晩年の彼は，世界と自我の一体性，一元論的世界観，さらには梵我一如の境地をすら希求し続けたのであるから[9]。

（5）　畢竟するに，プランクやアインシュタインやシュレーディンガーのように，伝統的物理学の蘊奥を窮めたような人々に

とって，全く異質の量子論的思考に与(くみ)することは，常人などの場合に比して，遥かに困難なことであったに相違ない。そもそも人間は，そう易々と己れの思想を変え得るものではない。そのプランクに次の言葉がある。"新しい科学的真理が勝利を収めるのは，反対者を説得して新しい光が見えるように転向させることによってではない。ゆくゆくは反対者が死に，新しい考え方に慣れた若い世代が育ってくるからである"[10]。

本稿を草するに際し，種々の資料を貸・供与して下さった小林澈郎・西尾成子・関口宗男の諸氏に謝意を表したい。

1― A. Pais, "*Niels Bohr's Times*", Clarendon Press (1991) p. 240. なお邦訳『ニールス・ボーアの時代1』（西尾・今野・山口訳）みすず書房 (2007) では p. 301。

2― W. ハイゼンベルク，『部分と全体』，山崎和夫訳，みすず書房 (1974) pp. 120-124.

3― 堀健夫，理研OB会会報，第22号 (1986. 4)，理研OB会，p. 6.

4― N. Bohr, H. A. Kramers and J. C. Slater, Phil. Mag. **47** (1924), p. 785. 光子の放出・吸収は自発的なものではなく，電磁場とは異なる仮想的な場によって誘発されるとする説。

5― この趣旨の言葉――第Ⅱ部エピグラフ――は，"*Niels Bohr ―― A Centenary Volume*" A. P. French 他編，Harvard Univ. Press (1985) 中の A. Petersen の稿，p. 305 にある。

6― J. Mehra and H. Rechenberg, "*The Historical Development of Quantum Theory*", Springer-Verlag (1987), Vol **5**, Part 2, p. 825.

7― 文献 1，p. 431.

8― W. ムーア，『シュレーディンガー その生涯と思想』，小林澈郎・土佐幸子訳，培風館 (1995) p. 480。

9― 中村量空，『シュレーディンガーの思索と生涯』，工作舎 (1993)，とくに第6章。

10― B. グレゴリー，『物理と実在』，拙訳，丸善 (1993) p. 106。

第6章

一堂に会した量子力学の創始者たち

ディラックの古希記念シンポジウム報告

　量子力学の形成期に20代の若者として指導的な役割を果たした人々も，すでに70代。ディラックの古希を記念して一堂に集まった。本文はその直後（1972）に書かれたものであり，時相のずれに留意してお読み頂ければ幸いである。

§1　ケンブリッジにおけるニュートンの後継者

　今世紀の初めにプランク（M. Planck）の熱輻射の研究とともに誕生した量子論が，合理的な理論体系すなわち今日の量子力学として完成したのは1925～27年のことであり，以来今日までほぼ半世紀を経過したことになる。その際に指導的役割を果した人々のうちで，ボーア（N. Bohr），シュレーディンガー（E. Schrödinger），ボルン（M. Born），パウリ（W. Pauli）らはすでに故人となり，当時はまだ20代の若者として活躍したハイゼンベルク（W. Heisenberg, 1901～），ディラック（P. A. M. Dirac, 1902～），ヨルダン（P. Jordan, 1902～），そしてウィグナー（E. Wigner, 1902～）らも現在すでに70代の高齢に達している。

講演中のディラック

さてディラックは1902年8月8日生れであり，その古希を記念して昨年（1972）9月18日より25日までイタリアのトリエステにある国際理論物理学センターにおいて，「物理学者と自然認識」と題する国際シンポジウムが開かれ，ディラックはもちろん，ハイゼンベルク，ヨルダン，ウィグナーらが出席した。生存する量子力学の創始者たちがこのように一堂に会するのは，あるいはこれが最後の機会となるのではとの噂も漂っていた。筆者は幸いこの会議に出席でき，会議場の内外で上記の人たちと接触する機会をもった。ここではディラックらの印象を中心にしてその報告を試みたい。

シンポジウムの目的は，20世紀，相対性理論や量子力学によって惹き起された物理学の基本概念の変革の歴史的回顧と分析，ならびに基礎物理学の各分野における現状の総括とそれにもと

づく将来への展望という，まことに大がかりなものであった，前者は量子力学の創始者たち自身がこれにあたり，後者は相対論・宇宙論・量子力学・素粒子論・物性論・統計力学・生物物理学などの各分野の"若手"専門家によって報告がなされた。ここで若手というのはシュヴィンガー（J. Schwinger）とかウィーラー（J. Wheeler），サラム（Abdus Salam）のごとく，まだ70歳以前の人々のことを指す。

　ディラックに捧げられた会議だったので，多くの講演者はそれぞれのテーマに関連した分野でのディラックの基礎論文を引用して賛辞を述べた。それら論文は多岐にわたり，名著『量子力学』の中心をなす量子力学のエレガントな定式化，場の量子論の出発点となった電磁場のいわゆる第二量子化，相対論と量子論とを考慮に入れた電子の相対論的波動方程式，それと関連した真空の定義や反物質概念の導入，フェルミ・ディラック統計の確立，波動方程式の一般論や量子電磁力学，多体系の多時間形式，さらには最近の重力場の量子化問題への寄与等々，その業績は枚挙にいとまがないほどである。シアマ（D. Sciama）がいみじくも表現したように，"ケンブリッジにおけるニュートンの後継者"と呼ぶに相応しいものである。しかし，そのなかから最大の業績として一つを選ぶとなれば，電子の相対論的波動方程式ということになろうか。これはサラムによれば"相対論と量子論という物理学の二大原理からの要請を同時に満たし，物理学における最も美しい方程式の一つであり，発見以後ほとんど半世紀を経た今日でもその変更の必要がないほど正確なものである"。またハイゼンベルクは"この方程式は反物質という物質の新しい存在形式を予言した点で今世紀における最も重要な発見の一つである"と言っていた。

語り合うディラックとハイゼンベルク

§2 "量子力学の統計的性格には不満足"

ところでディラック自身は「物理学者の自然認識の発展」および「自然定数とその時間的変化」と題する二つの講演を行なった。最初の講演では"与えられた表題とは違い、これは私という一物理学者の個人的経験に過ぎないが"と断って、相対論および量子論の発展にともない、どのように物理学者がそれまでの偏見を捨て新しい概念を確立してきたかについて述べた。とくに量子論に関する部分では、彼自身の研究の経過がほとんどそのまま物理学の発展の歴史と同一視されることをまざまざと示された感じであった。終始変らぬ静かな口調で淡々と語り続け、"相対論的波動方程式のなかでの一番簡単な解がスピン$1/2$をもった粒子に対応することは、私には非常な驚きであった"と語るなど、きわめて感銘深いものであった。

ところで筆者などは以前から、ディラックはボーアの率いるいわゆるコペンハーゲン学派の一員であり、したがって量子力学の解釈に関してはボーア・ハイゼンベルク流の徹底した統計

的(正統的)解釈の信奉者であろうと思っていた。そこで彼自身の口から"量子力学が非決定論であり,統計的予測しかできないのは非常に不幸な事態である。しかしながら,より以上のものが存在しない限りわれわれは現在の解釈で満足しなくてはならない"という言葉を耳にしたのは,まことに意外であった。彼自身もプランクやシュレーディンガーやアインシュタイン(A. Einstein)のように,量子力学の現体系には心から満足していなかったようである。さらに,量子力学や場の量子論の基礎を公理論的な立場から定式化しようという最近の試みに対して,講演の最後でディラックはこれを批判し"ボーアの原子模型を公理論的に再定式化することから,はたしてハイゼンベルクの量子力学が生れたであろうか"と発言して反響を呼んだ。

自然定数に関する彼の第二の講演では,重力定数・プランク定数・素電荷などが時間の関数として変化している可能性があるという年来のアイディアと,その最近の発展について述べた。陽子と電子間に働く電磁力(クーロン力)と重力の大きさの比は10^{39}であり,他方,宇宙の現在の年齢は原子単位で同じく10^{39}となる。この一致が全く偶然の結果であるとしたら,それは非常に不可思議なことであり,両者を同一視してみようというのがディラックの考えである。この簡単な仮定から出発して,各種自然定数の時間依存性を論じ,物理法則一般,さらには全宇宙の構造に関する従来の定説の変更にまで説き及んだ。全体を通じて議論はきわめて単純明快であり,"こんなに簡単なことであるから真であるに違いない"と言いながら推論を続けてゆく。平素,彼の論文や教科書から受ける印象などを思いあわせて,彼の場合,理論の美しさとか単純さの追及ということがその研究上の指導原理となっているのではと思われた。この意

味で,彼はアインシュタインと同じようなタイプの物理学者であるといってよかろう。パイエルス（R. E. Peierls）は"ディラックの最大の特徴は物事に論理的に直線的に迫る考え方にある"といい,また非常に数学的な理論を展開することで有名なウィグナーは,"ディラックの物理的・直観的なアプローチの仕方からつねに多くのものを学んだ"と言っていた。

§3 "五つの単語しか使わない人"

　長身痩軀やや猫背でとぼとぼと歩く姿は,さすがに彼も老いたりという感じであった。最初の講演のあと全員が起立して拍手でもってその労をねぎらい,かつ半世紀にわたる彼の業績の偉大さを讃えたのであるが,それに対して顔を赤らめ,いかにも嬉しそうな笑顔でもって応えていたのが印象的であった。生来内気で無口の人のようであり,最初彼が研究生としてコペンハーゲンのボーア研究所に現れた折に,同僚たちは彼のことを"五つの単語しか使わない人"と評していたとの逸話が有名である。五つの単語とは Yes, No, I don't know のことで,彼にとってはこれだけですべての質問を処理するのに十分だったのである。幸いディラック夫人（ウィグナーの妹）は逆に非常に社交的な人であり,会議中は社交面のいっさいをひき受けて彼を助けていた。

　彼は初め,ブリストル大学で電気工学を修めたが,不況の世の中のため就職口が見つからず,奨学金を得てケンブリッジに赴き,そこで理論物理学に転じたのであるが,不況は少なくとも物理学にとってまことに好運をもたらしたことになる。以来,今日まで,文字通り象牙の塔に閉じ籠り,研究のみに専念して

きたわけであるが，このようなタイプの人は最近では非常に珍しくなったのではなかろうか。筆者は以前，英国に滞在中，彼の名前が一般の知識層の人たちにすらほとんど知られていないのに驚いた経験がある。デンマークにおけるボーア，日本におけるユカワの知名度を思い合わせてである。英国の著名な科学者には晩年'サー'の称号を受ける人が多いが，ディラックはその例外のようである。これは彼が研究室以外の公的な役職につくことがほとんどなかったことによるのであろう。先年，ケンブリッジ大学を定年で退き，現在はアメリカのフロリダ州立大学にて研究を続けている。

§4　ハイゼンベルクの素粒子観

　シンポジウム参加者の敬意と関心はもちろんハイゼンベルクにも注がれていた。量子力学の創始者として，またその後における原子物理学・原子核理論・素粒子論・物性論の各分野での先駆的業績は周知のことであり，ここに改めて述べる必要はなかろう。彼の講演は「量子力学の発展とその概念的諸問題」と題するもので，前期量子論における定常状態の考え方，量子力学における状態概念の確立，および素粒子概念の変遷の三つに重点がおかれていた。クラマース（H. A. Kramers）とのスペクトル線強度の分散公式による研究から，いかにして行列力学の秘密を嗅ぎ出すにいたったか，霧箱にできる荷電粒子の軌跡の理論的考察からいかにして不確定性関係の発見に導かれたか，などについて，直接彼自身の口から聞くことはまことに感銘深いものであった。

　さらに筆者の興味を引いたのは，彼が現在の素粒子論に対し

て非常に批判的な見解を持っているということであった。

"現在われわれが素粒子と称しているものの特徴は，それらが互いに他の粒子に転化するという点にある。それゆえギリシア以来の原子論のように，ある素粒子がなにか，より基礎的な粒子からできているといった考えが間違っているのは，もはや誰にも明白なはずである。素粒子物理学は量子化学などより簡単であるわけはない。重要なことは古い偏見は即刻捨て去ることであり，私は機会あるごとにこの点を強調しているのだが，なかなか理解してもらえない。最近，高エネルギー物理学者たちが素粒子の構成要素としてのクォークとかパートンとかの考えに取りつかれているが，これは全く見当外れというべきである。

それでは原子論という従来の考えにかわるべき新しい概念は何か。物質の存在や運動の形式のなかに現われている対称性がそれであろうと私は信じている。私が以前から研究している〈素粒子の原物質（Urmaterie）理論〉では，原物質 ψ は素粒子の構成要素と考えるべきではなく，上に述べた対称性を具現する器としての記号に過ぎないのである。ところで，対称性のなかで最も基礎的なものはポアンカレおよび SU(2) 対称性であり，SU(3) 対称性は特定の条件の下でのみ現われてくる二次的な性質に過ぎないと思われる。"

以上が彼の見解の要旨である。彼がここでいっている物理法則の基礎としての対称性は，古代ギリシアにおけるピタゴラス派の〈形をもった数〉とかアリストテレスの〈形相因〉に相通じるものをもった考えのように思われる。

§5 ハイゼンベルクとアインシュタインの会話

　量子力学の成立以来、いまだに議論され続けている根本的な問題に'波動関数ψは対象の運動自体を記述するものなのか、それとも対象に関するわれわれの知識を集約的に表現する記号に過ぎないのか'、さらには'観測の際に起る波動関数の収縮は一つの物理的過程として解釈されうるものであるか'などがある。いわゆる〈量子力学の解釈〉ならびに〈観測の問題〉として知られているものである。このシンポジウムでも、最終日に「物理的記述と認識論」というセッションがあって、ウィグナー、ローゼンフェルト（L. Rosenfeld）、ルードウィッヒ（G. Ludwig）、ベル（J. S. Bell）らの討論があったが、とくに新しい考えは示されなかったようである。ハイゼンベルクのこの問題に関する見解は、彼の書いたものを見ると年代によってかなりニュアンスの相違があり、最近はどのような立場をとっているのかは非常に興味深いところである。

　当日、ハイゼンベルクは会場には見えなかったが、筆者が昨夏ミュンヘン滞在中に彼より聞いたところでは次のようであった。"波動関数ψはわれわれの対象に関する知識を表わす記号である。観測の際にこれが突然変化（収縮）するのは、観測によってわれわれが対象に関する新しい情報を得るから当然のことである。畢竟するに、自然科学は人間の創ったものであり、われわれにとって重要なのは、われわれが自然とかかわりあいをもったときにどのような結果が得られるかということである。物理的対象を観測者から切り離された客観的存在として考え、それに対する法則性を追求するのは19世紀までの哲学的立場である。量子力学が教えているのは、このような古い哲学はも

はや改めねばならないということであろう。人間はある種の哲学のなかに育つと，それからはなかなか逃れ難くなる。私は1954年の秋プリンストンで，アインシュタインが亡くなる少し前のことであるが，彼とある日の午後をずっとこの問題について議論したことがある。私の説明に対してアインシュタインは，多分あなたは正しいのであろうがと言いながらも，最後まで客観的実在とそれに対する法則の可能性という考えを捨てきれないようであった。"

ところで少し余談になるが，会議中に聞いたこの二人に関する挿話の一つをここで紹介しておこう。ハイゼンベルクが量子力学を建設中のころ，観測可能量だけで理論をつくるという考えをアインシュタインに話したところ，アインシュタインは"それだけでは不十分であろう"という。そこでハイゼンベルクが"しかし，これはあなた自身がよく言っていることではありませんか"と反論したのに対して，アインシュタインは"そういうことはあったかもしれないが，その考えはあまり正しくない。理論が観測可能量を決定するのだ"と答えたという。

すでに71歳となったハイゼンベルクは，先年ミュンヘンのマックス・プランク物理学・天体物理学研究所長の職を引退したが，現在でも毎日数時間は規則正しく研究所にやって来て，アインシュタインの肖像画の掛けられた自室で仕事を続けている。目下共同研究者デュール（H. P. Dürr）とともに彼の著書『素粒子の統一場理論』の改訂版を準備中であると聞いた。彼と議論していると，自説を強力に，ときには少し頑固なまでに主張するのに気づいたが，あるいはこれも71歳という年齢のせいなのかもしれない。

講演中のハイゼンベルク

§6 なお柔軟な頭脳を保つウィグナー

ヨルダンは「膨張する地球」について，ウィグナーは「量子力学における相対論的方程式」について講演した。スピンが1より大きい粒子が相互作用をしているとき，通常の理論ではいろいろな困難が現われてくることが最近指摘されている。これに対してウィグナーは，"現在の量子力学は複素数体の上に築かれているため，その理論的枠組が狭過ぎるのがこのような困難の原因ではなかろうか。量子力学を例えば四元数体の上に拡張する必要があるかもしれない"と述べていた。このことは別の観点からヤン（C. N. Yang）によっても指摘された。彼によれば"荷電共役の変換は，量子力学が複素数を導入したために可能となった。同様に SU(2) 対称性をよりよく理解するためには，理論の基礎に四元数を導入する必要があるかもしれな

講演中のウィグナー

い"とのことであった。

　総じて70歳を過ぎた量子力学の創始者たちは、精神的にも肉体的にもさすがに老いたりとの感をまぬがれなかったが、ウィグナーだけは例外であり、いまだに柔軟で明晰な頭脳を保っているように見うけられた。最終日の哲学的なセッションでは司会者として、こみ入った議論を解きほぐし、適切な注意を与えては、それを建設的な方向にもってゆく手際のよさはまことに鮮やかなものであった。彼の頭脳が若い頃から数学によってつねに鍛えぬかれてきたせいであるのかもしれない。

§7 発見された歴史的事実

　最後に今度のシンポジウムで'発見'された一つの歴史的事

実について述べておきたい。通常，ハイゼンベルクの行列力学とシュレーディンガーの波動力学の間の関係を論じたのは，シュレーディンガーの1926年の論文〔*Ann. d. Physik*, **79**, 734 (1926)。ただし1926年3月18日受理〕が最初とされている。もっともローゼンフェルトによれば，当初ハイゼンベルクは，彼の量子論はシュレーディンガーのような古典的な考察から出発する連続的な理論とは関係がなかろうと言っていたそうである。

しかしファン・デア・ウェルデン（B. L van der Waerden）が講演で，パウリの未発表の手紙のなかに上の問題をすでに論じたものがあることを明らかにした。その手紙というのは，パウリからヨルダンに宛てた1926年4月12日付のもので，カーボンコピーで，しかもサインまでしてあるとの由で，多分コペンハーゲンで書かれタイプされたものと想像されている。このコピーだけを入れたファイルが手紙類の置場所とは別のところから最近発見されたという。ここでは両力学の関係が，今日の教科書にあるような仕方で議論されている。そしてその手紙のなかでパウリは，当時すでに出版されていたと思われるランツォシュ（C. Lanczos）の論文〔*Zeits. f. Physik*, **35**, 812 (1926)。ただし1925年12月22日受理〕に言及し，"ランツォシュの方法は価値あるものではない"と述べているという。しかし，ファン・デア・ウェルデンが調べてみたところ，ランツォシュは全く正しく，両力学の同等性問題のプライオリティはむしろランツォシュにあるというのが彼の結論であった。

不思議なことに，このランツォシュ論文は，シュレーディンガーの波動力学に関する第一論文〔*Ann. d. Physik*, **79**, 361 (1926)。ただし1926年1月27日受理〕を全く引用しておらず，

前列右から,ハイゼンベルク,ワイツェッカー,エーラース,ランツォシュ,ローゼンフェルト,ファン・デア・ウェルデン

この論文を見る前に書かれたもののようである。もちろん,当時ランツォシュはハイゼンベルクの行列力学に関する最初の論文〔*Zeits. f. Physik*, **33**, 879 (1925)。ただし1925年7月29日受理〕は読んでおり,行列力学の本質的に不連続な表現を連続的な"場のような量"で書き直すことが,問題を積分方程式の言葉に翻訳することによって可能となることを示したのである。ここでは今日の言葉でいわゆる"量子力学のシュレーディンガー表示"の議論が展開されており,当然のことながらシュレーディンガーの波動関数とかディラックのデルタ関数に相当する量が現われている。

　当時ランツォシュは量子力学研究の中心地ではないフランクフルト大学にいたが,これが彼の仕事を埋もらせてしまった原因かもしれない。講演者のファン・デア・ウェルデンはランツォシュが会場に来ているとは露知らず,聞きなれない名前なので彼がすでに故人であると思い込んでいるような口振りであった。講演後司会のローゼンフェルトから注意されて,"あなた

がそのランツォシュさんですか"と驚きながら彼と握手を交わしたときには，盛んな拍手が起り，ランツォシュは一躍脚光を浴び，名誉回復を果したのである。発言を求められてランツォシュは次のように語った。"当時私はシュレーディンガーという名前すら知らなかった。ところで私の論文は数学的側面を論じただけであるが，数カ月後に現われたシュレーディンガーの論文はその物理的意味を深く考えており，両者が同列に論ぜられるべきだなどとは自分でも思ったことはない。それ故，クレジットはすべて彼に行ったけれども当然であり，それを気にしたことは少しもなかった。ただ私はパウリの批判に拘らず，正しいのは私のほうだとつねに信じていた。ひとの論文をよく読まないで批判するパウリはなんと vicious person（悪意の人）であることか"，と。この静かだが力強い発音 "vicious" はいまだに筆者の耳に残っている。私見であるが，行列・波動両力学の確立後に両者の関係を調べたことよりも，前者を知って後者の可能性を察知した仕事のほうが，理論的価値が高いと思うのであるが，いかがであろうか。

　ハンガリー出身のランツォシュは長らくダブリン高級研究所の教授であったが，引退後80歳の現在もその地でなお研究を続けている。

§8　学生の抗議行動

　さて昨夏（1972）のヨーロッパでは Jason 反対運動の嵐が吹き荒れた。ペンタゴンの防衛研究所の Jason 部に属している著名なアメリカの物理学者たちが，ヨーロッパでの国際会議や夏の学校にやってきて各地で抗議をうけ，講演が立ち往生したり，

ある夏の学校などは会期なかばで中止されたりしたと聞く。この会議のアメリカ人参加者のなかにも該当者があり，他方，会議の費用の一部がNATOより出ていることが直前に発覚したこともあったりして，トリエステ大学の学生その他が反対運動を起し，会場に押しかけた。が会議の座長カシミア（H. Casimir）は，座長権限で，急拠セッションを学生たちとの話し合いの場とした。結局，彼らも会議の主旨を了解して立ち去り，会議は再開された。このカシミアの迅速・適切な行動に筆者は感銘をうけた。

　他方，ソ連の物理学者の中には，はじめ出席を承諾していたが，NATOの件が明らかになったので参加を取り消した者もいたという。会議は形式的にはテキサスおよびトリエステ両大学主催ということになっていたが，それが国際機関（国際原子力機構およびユネスコ）に所属する研究所で開かれたのは，NATOの件があるので妥当ではなかったように思われる。象牙の塔に閉じ籠って半世紀を過ごしたディラクの眼には，この学生たちの抗議行動は果してどのように映ったであろうか。

　同じ主題のシンポジウムは，2年後に再び開かれることが確認されている。

付記
　この会議の議事録については，p. 155，注166を参照されたい。

第7章

戯劇 'GHOST 基研にあらわる' 上演を巡って

亀淵 迪（述），大貫義郎（補注）

I

今から半世紀以上も前の京大・基礎物理学研究所（以下基研）研究会が如何なるものであったのか，その雰囲気の一端を伝えるべく，この欄をお借りして一つの昔話を紹介してみたい。1955年11月15日（火）から12月9日（金）に至る25日間，「場の理論」についての研究会が基研で開かれた。当時「場の理論」と言えば，「素粒子論」全般の意味で使われることが多く，この研究会でも始めの一週間はQMD[1]，第二週はQED，続く約10日間は'将来の理論'（非局所場理論その他）と'新粒子'の討論に当てられていた[2]。

前半2週間の（狭義の）「場の理論」研究会の中心課題は，繰り込まれたQEDやQMDは，果たしてconsistentな理論であり得るのか，とくに負ノルムの'ghost状態'が現れたりはしないのか，を巡ってであった。この頃人々の関心を惹いていたLee modelやQEDのLandau近似では，その出現を示唆するような結果が出ていたからである。

とこうする中に、"ghost 研究会であるから、中日の懇親会の席で ghost の声を聞かせたらどうか"との案が浮上してきた。これを言い出したのは恐らく名古屋出身の誰かではなかったろうか。実はこれに先立つ 1954 年の 7 月、坂田昌一先生（当時コペンハーゲン滞在中）が Glasgow で開かれた「原子核・中間子物理学国際会議」に出席された。その会議晩餐会でのこと、突如場の照明が落とされたかと思うと、古めかしいホールの天井片隅から、厳かに ghost の声が響いてきた、という土産話を先生から伺っていたからである。そこで私たちも、"その真似をしてみようではないか"ということになったのだと思う。

当時、研究会参加者の多くは近くにある木造二階建ての「白川学舎」に宿泊していたが、これら宿泊者および京都在住者の有志、すなわち遊び好き・いたずら好きの面々が、善は急げと夜な夜な学舎の一室に集まり、台本の作成に取り掛かった。主要メンバーは名大（出身）の梅沢博臣・河辺六男・田中正そして筆者たち、京大からは片山泰久・徳岡善助、金沢大の堀尚一の諸氏であった。

内容は後出の台本からお分かりのように、11 月某日の深夜、基研裏の沼地に現れた ghost 先生が、ghost 研究会出席者の一人ひとりを吊し上げるものでその台詞も皆でわいわい言いながら考えた。これらを筆記したのは河辺氏であるが、彼はさらに前口上やト書きをも、お得意の美辞麗句でさらさらと書き連ねていった。こうして出来上がった草稿は字の綺麗な片山氏が清書した。

さて次なる仕事は ghost の声の録音であるが、当時大変な貴重品だった基研秘蔵の録音機やテープを、研究以外の目的に使わせて貰えるかどうか、が大問題であった。しかしこれは木庭

二郎さん[3]（当時基研教授）が率先して手続きして下さった。実際木庭さんは時折学舎に現れ，自分では発言されなかったが，私たちの仕事ぶりを，傍らでニコニコしながら見守っておられたのであった。

録音作業も学舎で行った。前口上の名調子は河辺氏，劇の開始および終結を告げる鐘の音は梅沢氏の擬音，ghost 先生の声は，台詞中で批判されている当人以外の誰かが代わるがわる担当した。こうして出来上がったテープ録音を，11月29日（火）夜の懇親会の最後，部屋の電気を消して真っ暗にした中で流したのである。予期せぬこととて場は大いに驚きそして盛り上がり，余興としては大成功だったと思う。例えば ghost から手厳しく批判された坂田先生も，私たちと共に大いに打ち興じておられたのであった。

ただ湯川先生には，禿の第一種・第二種への分類問題[4]は，自らの後頭部状態のこともあってか，些か微妙な問題をもたらしたようである。"誰がこんなもの作ったんや"としきりに犯人を詮索しておられた――単純至極にも"ここで批判されている以外の誰かに違いない"と言いながら。しかし後日，川口正昭氏（当時基研助手）のもっていた台本コピーが湯川先生の目に触れることになり，"犯人は片山だったのかと"と結論されたらしい。台本草稿を清書した片山氏の字は，誰が見てもそれと判る，独特な書体（小さく四角い字）だったからである。先生から叱られることを恐れた片山氏[5]は，「2, 3日間先生の前に現れないようにしていた」と，これは後日ご本人から聞いた。"テープの録音は，次の有用な目的のために，用済み後直ちに消去すべし"と予め木庭さんから申し渡されていた。しかしその消滅を私は大変残念に思い，一日テープを借り出して，四条河原町

近くにあった「レコード作ります」という看板の店に持ち込み，それを一枚のSPレコードにしてもらった。数年後私は，再びそれをテープに移し替え，台本コピーと共に今日に至るまで大切に保存してきたのである。——これが「GHOST 基研にあらわる」関係の現存する唯一の資料であると思い込んで。しかし小沼通二氏によると，最近基研の諸々の資料を整理していたところ，オリジナル（と思われる）録音テープが発見されたという。録音は消去されずに残されていたらしいのである。もしそうだとすると，これもまた木庭さんの深謀遠慮だったのかもしれない[6]。

II

Ghost 関係の話はこれでお仕舞いであるが，ことのついでに，その背景となった基研発足当時の研究会について，さらに二，三付言しておこうと思う。件の研究会はほぼ一ヶ月にも及ぶ長期間にわたり，今から見れば全くのんびりとしたペースで行われていたことになる。従って期間中には，さらに数々の遊びの行事をも行うことができた。嵯峨野は落柿舎への遠足もあれば，基研大講義室での映画鑑賞が2回——湯川先生のコロンビア大学滞在中に作られた「湯川物語」[7]と，封切り前の黒沢映画「生き物の記録」[8]，さらに一部の人々は太秦の映画撮影所の見学にも出掛けたらしい[9]。まことによく学び，よく遊んだのであった。

本誌の性格上，'遊び'のことはこの辺で止め，'学び'についても一言しておくべきであろう。当時の私たちは'研究者はすべて対等である'とし，討論なども全く自由に行っていたと思

う。相手構わぬ批判は屡々酷しいものとなったが,やがてそれらは揶揄いや冗談へと転化してゆき,楽しい雰囲気の中に終わるのであった。こうした私たちの研究態度は,かの Niels Bohr 研究所における「コペンハーゲン精神」——'仕事も遊びも,共に行い共に楽しむ,徹底的に'——に相通じるものが多分にあったと思われる。

以下は私の持論であるが,このコペンハーゲン精神は Bohr 研究所に長年(1923.4〜1928.10)滞在した仁科芳雄博士によってわが国,とくに理研仁科研究室へともたらされた。そして,ここで薫陶を受けた朝永・坂田・湯川・武谷ら諸先生を通じてわが「素粒子論グループ」に移植され,グループの基本精神となったのではなかろうか。これについての詳細は,以前別の所[10]で書いたので,それらを参照されたい。

そのことは別としても,一般に研究においては,目標に向かって脇目も振らずに一路邁進することは,必要ではあろうが,しかし,ときには一休みして,辺りの風景をゆっくりと眺め渡す余裕もまた大切なのではなかろうか——勿論,かっての私たちのように遊びまくれ,とは言わないまでも。これが Ghost 劇関係者の生き残りの一人としての,偽らざる感想である。

若干の注を付して Ghost 劇台本を以下に掲載する。

  * * * * * * * *

GHOST 基研にあらわる
—— 禁無断上映・上演 ——
GHOST 研究会有志

これは 1955 年 11 月末の某日東山三十六峰静かに眠る丑三つ

時,基研裏の沼地に突如出現した GHOST 先生の談話を録音したものである。GHOST がどこからやって来てどこに去ったかは今もって明らかでない。又果たして GHOST が現れたかどうかも疑問と云えば疑問である（河辺）[①]。

1　GHOST 先生登場

（遠く鐘の音――）

　ゴーン，ゴーン（梅沢）

（―― 法然院辺りであろうか。なり終わると前にもまして，ここ基研裏の沼地は静寂につつまれる。その時いづことも知れず，はじめは小さくつぶやくような一種異様な声がきこえて来る。）

　「もろもろの GHOST を信ずるものよ ―― 信ぜざるものよ ――。GHOST をおそれるものよ ―― 我をだしにしてもうけるものよ。今われ汝等の前に立ち現れ，汝らと語らん。（堀）」

　「汝等，すぐる二週間，我が正体につきてあることあらぬこと頭なき顔をきかせ論じきたりし如くなるも，我が正体を何等つかみ得ず，われもどかしく此處に現れしなり。（堀）」

　「我等が仲間もかく申せ，こゝ数週間人間なる abnormal state[②] の議論をし，一応の結論をいだし此處に汝らと思想の共存をはかるべく[③]，人間観察の一端をのべ，汝らより如何にすぐれた normal state にあるかを示さんと思うが如何。（堀）」

2 GHOST 見栄を切る

「先ずそこなる沢田[4]よ。汝こゝ数日にわたり我につきて講釈し来たりし如くなるも──（堀）」

（GHOST 先生こゝからぞんざいな口調になる）

「──おめえの話は俺自身にもよくわからねえ。一度ゆっくり教えてくれ。もっとも何度聞いてもわかるまいが。出るか出ないかギリギリだそうだが，この通りちゃんと出て来たじゃないか。（大貫）」

「俺は近似で出て来たのじゃない[5]。なあ片山。お前の頭の方の近似をもう少しあげたらどうだ。舌(シタ)の近似ばかりでは，どうにもなるめェ。（大貫）」

「亀淵って野郎も厚かましい奴だ。俺に相談せずに，俺が Q.E.D で必ず出ると受け合ったろう[6]。だが，俺が出て来て安心したか。それでお前の証明も Q.E.D.だ。（大貫）」

3 GHOST 大ボスを吊し上げる

「湯川よ。お前は第一種と第二種の characteristics を知っているかい[7]。湯川は第一種かも知れないし，そうでないかも知れない[8]。そこがよくわからねェ。然し，いずれにしても革命は必至だ[9]。（亀淵）」

「早川さん，アンタも気をつけた方が良くはないかナ[10]。アンタはノイローゼになりませんかナ？　アンタの国の映画[11]のように私は禿げるのが恐ろしくて，こゝに逃げて来たが，地球で

はどうかな？　未だ禿がある?!　それぁいかん，はやくつれて来にゃいかん。早川さんアンタのようなのは真先に逃げにゃいかん[12]。──オォ！　地球では禿げている‼　禿げている‼[13]。──オォ，オォ，オォ……（河辺）」

（GHOST 一時自失の体，やがて気をとりなおして）

「やはりその映画の話だが，湯川，お前はそれを見て後頭部が痛くなるわけがわからない[14]と不審がったそうだが，俺は当然のことだと思う。というのは，第一種とは顔にくりこめることだからな。『頭の毛の記録』試写会を基研にもって来た顔には，とにかく深湛の敬意をはらっておこう。（亀淵）」

「オイ坂田，お前は適用限界，適用限界と日頃騒いでいるが，N と Λ だけでは，この俺は絶対につくれないぞ[15]。それはお前の偶像であることを銘記しておくがよい。だからと云って，偶像から妄想を抱き，儀式を図式におとし[16]，近似を相似にすりかえて，宗教からノイローゼに陥ることのないよう忠告しとこう。時にものは相談だが，今度は素粒子中の素粒子にこの俺を利用して見たらどうかね。そうすればお前の男も少しはあがるとゆうものだ。（亀淵）」

4　GHOST の平和利用その他

「俺の利用と云えば，木庭[17]，こんなことを云ってもおこるようなお前でもあるまいと思うので云うが，お前如きにやすやすと利用される俺ではないぞ‼　俺のことを考える前に，先ずお前の平和利用でも考えろ。（田中）」

「梅沢！ お前は俺のこともよく知らないくせに，GHOSTの研究会を開いてボロもうけをしたそうだな。財布をなくして[18]うろたえているが，俺があづかった。ザマ見ろ。しかし平和的利用としては気の利いたほうだ。木庭見習ったらどうだ。(田中)」

「原の如きは，俺に関する問題などはField Theoryのゴミ箱掃除だなぞと平素ぬかしているが，一体お前のUr-materie[19](ウルマテリー)という代物も一向に賣れたという話を耳にしたことがないぞ。(片山)」

「亀淵は俺の着物をぬがせること[20]に興味をもっているようだが，それにゃ俺も興味がある。善助[21]お前は一番興味がありそうな顔をしているな。ニヤニヤするな。だがおあいにく様GHOSTには女も男もない。不満足でしたら，G―O―S―T―R―I―P!!（片山）」

「大体お前達は品がないよ。西島のtime-reversal[22]の如きは鼻持ちならねェ。Toiletのtime-reversalなんて堀でも鼻をつまんだそうだ。俺は鼻をつまんでも聞かないよ。第一ロマンチシズムが稀薄だ。いやお前達の言葉では，稀薄になる可能性があるとでも云うのか。どっちにしても同じことだ。（片山）」

5　GHOST先生退場

（やゝ大気焔をあげたGHOST先生，すっかり良い気になって芝居がかった口調で）

「つもる話は山々あるが，あれに聞こえる明鴉(あけがらす)。おい河辺さん，お前は俺の出て来る図式は書いたが[23]，成仏させぬとは，チ

トつれなかろうぜ。お前の図式は役にゃ立たネエナ。仕方もない故もとの古巣へ帰（け）るとしよう。所詮俺らはケエルのGHOSTさ, なあ大貫, いやオニヌキさん。オットこんな駄じゃれは梅沢位でなきゃ云わぇェか。フフフ……（河辺）」

(GHOSTの声小さくなると共に, その姿消えて行く。夏の空が白みかけ明け六ツの鐘なりわたる。)

　ゴーーン, ゴーーン（梅沢）

———終———

＊＊＊＊＊＊＊＊＊＊＊＊＊＊＊＊＊＊＊

登場人物[24]

梅沢博臣（東大理）, 大貫義郎（名大理）, 片山泰久（京大理）,

亀淵 迪（名大理）, 河辺六男（名大理）, 木庭二郎（京大基研）,

　坂田昌一（名大理）, 沢田克郎（東京教育大理）,

　徳岡善助（和歌山大学芸）, 西島和彦（大阪市大理工）,

早川幸男（京大基研）, 原 治（名大理）, 堀 尚一（金沢大理）,

　湯川秀樹（京大基研）

声の出演

梅沢博臣, 大貫義郎, 片山泰久, 亀淵 迪, 河辺六男, 田中 正,

堀 尚一

（以上, 何れも五十音順）

1—π-中間子理論のことを当時このように呼んでいた。

2—これら四つのサブ研究会の内容については, それぞれ梅沢博臣, 沢田克郎, 原治, 小川修三各氏による報告がある。『素粒子論研究』Vol. 10, No. 5

（1956 年 2 月号）．

3―「木庭先生」と呼ぶと，私はあなたに悪いことを教えた覚えはありません，と叱られたのであった．第Ⅰ部§29 参照．

4―台本注⑦参照

5―湯川先生の研究協力者，当時京大理．

6―このテープには確かに ghost の声が残っていた．

7―当日は映写機不調で音声が出ず，湯川先生が活弁役を務められた．湯川夫人の舞踊（娘道成寺）の説明などを，はにかみながらしておられたのを覚えている．

8―「原爆と関係があるので，湯川先生のご意見を伺いたい」と黒沢明監督が自らこの映画をもって基研にやってきた．映写の後，所長室で二人が長時間話しあったらしい．台本注⑪〜⑭参照．

9―湯川先生も一緒に出掛けられ，妖艶な嵯峨美智子嬢（と誰かが教えてくれた）演ずるところの一場面を見学した．帰りには進々堂に立ち寄り雑談した．先生は「外に出てもこうすれば分からんのや」と帽子を目深に被る格好をされ，ここに来るのは久しぶりとのことで如何にも楽しそうであった．

10―『図書』2005 年 7 月号，2009 年 1 月号；『科学』2009 年 1 月号，何れも岩波書店．第Ⅰ部§31, 32 に詳論あり．

①―以下，口上，擬音および GHOST の台詞のあとに付された括弧内は，声の出演者名．255 ページ参照．

②―Lee model などではくりこみを行うとノルム負の状態が出現し abnormal state と呼ばれた．

③―東・西両陣営対立の冷戦下で「思想の共存」がしばしば話題にされた．

④―沢田克郎氏は"メソン屋"と呼ばれるグループに関係して π-N 系の吟味を行っていたが，擬スカラー型（中間子が擬スカラー場だとすると，核子との相互作用には，擬スカラー型と擬ベクトル型の２種類が考えられた）の湯川相互作用においてはゴーストが出るか出ないかギリギリで，何とも結論しかねるとのことであった．同氏の講演は当時極めて分かりにくいことで知られており，上記の内容を理解し得た人は誰もいなかったようである．

⑤―Landau らは近似計算の結果として QED における GHOST の存在を示したが，そのような近似の是非が問題になっていた．

⑥―S. Kamefuchi and H. Umezawa, *Prog. Theor. Phys.* **15**（1956）298.

⑦―川口正昭氏によれば，禿には第一種，第二種のタイプがあるという．前

者は額から禿げ上がっていくもので顔にくりこみ可能，他方，後者は周囲に毛髪を残したまま頭の中央部が禿げるタイプで，これの顔へのくりこみは不可能である．くりこみ可能な第一種相互作用，くりこみ不可能な第二種相互作用をもじった話である．第一種，第二種の用語は Heisenberg（1939）の場の理論の適用限界の議論による．第Ⅰ部§26参照．

⑧——当時湯川先生は皆の前で話をするとき断定的な表現を避け，しばしば，「…かも知れないし，そうでないかも知れない」という言い方をされた．注⑦の分類では，湯川先生は第一種とも第二種とも言い切れなかった．

⑨——すでに場の理論は行き詰まりの感があり，これに基づく展望が得られなかったために，一部には革命待望の気運が生まれた．とくに坂田先生は「いまや革命は必至」という見解をしばしば述べられた．坂田模型の提唱は恐らくこれと無関係ではなく，例えばこの模型が場の理論で理解できなくても，物理法則が変わればそれ自身は問題ではないと思っていたようである．

⑩——早川幸男氏は第一種とみなされた．注⑦参照．

⑪——黒沢明「生き物の記録」（1955.11.20）公開．黒沢監督が湯川先生の意見を聞きたいとのことで基研を訪れ，封切り前にこの映画を大講義室で上映した．われわれも先生とともに鑑賞したが，映写のあと監督は先生の部屋で長いこと懇談をしていた．

⑫——黒沢映画では，原水爆を怖れた老人が，実現はしなかったものの，家族とともにブラジルへの逃避を決意する．

⑬——映画の最後のクライマックス・シーンで，原水爆の恐怖から遂に発狂するに至った老人が，精神病院から窓外の風景を眺めて「オォ‼　地球が燃えている‼　燃えている‼」と絶叫する．

⑭——黒沢監督との懇談のあとで湯川先生が一部にもらされた言葉のようだが，どういうニュアンスの発言かは不明．

⑮——この研究会の少し前，東京教育大学で開催された物理学会（1955.10.9〜16）で坂田模型が発表された．

⑯——坂田先生は，既成理論の偶像化やフォーマリズムの儀式に堕する危険性を，宗教と関連して話されていたように思う．

⑰——木庭二郎氏のゴーストの解釈にはやや独自なものがあり，同氏は物性との関連でその利用を考えたようだが，成功はしなかった．

⑱——梅沢博臣氏はこのシナリオをつくる前日，街に出て財布を落としたとのことであった．

⑲―原治氏は非局所場による独自の統一理論を提案し，その背景をなす実体をUr-materie（ウルマテリー）と呼んだ。
⑳―QEDにおいて，くりこみが整合的に行えれば，高エネルギー極限での伝搬関数は裸のそれになるという。注⑥参照。
㉑―德岡善助氏。
㉒―西島和彦氏によれば，time-reversal（時間反転）はトイレにしゃがみ時間の逆転がここで起こるとどうなるかを考えるとよく理解できるという。
㉓―河辺六男氏は様々な研究の相互関連を図式のかたちにまとめるのが得意であった。
㉔―括弧内は当時の所属。

解説

くりこみ理論とは——簡単なモデルで

江沢　洋

1　電子の電磁的質量

電子の電磁的質量を表わすとされている本文 p.7 の (2.1) 式

$$\delta m = \frac{2}{3}\frac{e^2}{ac^2} \tag{A1.1}$$

を見て「おやっ」と思った読者もいるのではないだろうか。これは電子の電荷が半径 a の球の表面に一様に分布している場合の式だと本書・本文の著者，亀淵氏はいう[1]。

著者の「回想」でも，この「解説」でも，電磁的量を表わす式は c.g.s. ガウス単位系で書かれている。SI 単位系に慣れているという方々は，数係数を気にせずに読んでください。もっとも，後の (A1.3) と (A1.8) の違いは同じ単位系の中でのことだから，数係数の違いから実際に"違う"と認識できる。

1.1　荷電による質量の増加

さて，電子が電荷をもつことによる質量の増加 δm は，無限遠から電荷を運んできて電子をつくりあげる仕事の総量 δW

---

[1] 以下，著者という。著者が学生時代に読んだという R. Becker, *Theorie der Elektrizität*, Teubner (1933) の S.43 にも，この式が書かれている。

を光速 c の2乗で割れば得られる。電子のモデルとして，電荷が半径 a の球の表面に分布しているというものをとる場合には，電子の電荷を，0から始めて $d\varepsilon$ ずつ積み上げて ε まできたとき，さらに $d\varepsilon$ を無限遠から電子の表面まで運んでくる仕事は

$$\left(-\frac{\varepsilon}{a}\right)\times(-d\varepsilon)$$

だから，それを繰り返して電子の電荷を e にする全仕事は

$$\delta W = \int_0^e \frac{\varepsilon}{a}d\varepsilon = \frac{1}{2}\frac{e^2}{a} \qquad (A1.2)$$

となる。したがって，電子が電荷 e をもつことによる質量の増加は

$$\delta m = \frac{1}{2}\frac{e^2}{ac^2} \qquad (A1.3)$$

である。著者のいう（2.1）式とは違う。

電子の電磁的質量には，もうひとつ別の定義がある。それは電子が電荷をもつことによって電子の運動量がどれだけ増すかに注目するものである。

電荷 e をもつ電子が速度 $\boldsymbol{v}$ で走ると，電子のまわり——電子の中心から $\boldsymbol{r}$ だけ隔たったところ——には電場

$$\boldsymbol{E} = -\frac{e}{r^2}\frac{\boldsymbol{r}}{r} \qquad (r > a) \qquad (A1.4)$$

に加えて磁場

$$\boldsymbol{H} = \frac{\boldsymbol{v}}{c}\times\boldsymbol{E} = -\frac{e}{cr^3}\boldsymbol{v}\times\boldsymbol{r} \qquad (A1.5)$$

ができる。そうすると，電子のまわりには運動量が密度

$$\frac{1}{4\pi c}\boldsymbol{E}\times\boldsymbol{H} = \frac{e^2}{4\pi c^2 r^6}\boldsymbol{r}\times(\boldsymbol{v}\times\boldsymbol{r})$$

$$= \frac{e^2}{4\pi c^2 r^6}\{(\boldsymbol{r}\cdot\boldsymbol{r})\boldsymbol{v}-(\boldsymbol{r}\cdot\boldsymbol{v})\boldsymbol{r}\} \qquad (r>a) \quad (\text{A}1.6)$$

で分布することになる．それを電子の外の空間全体で積分すれば——たとえば $\boldsymbol{v}$ の方向に z 軸をとって極座標で積分すれば，最右辺 { } 内の

$$\text{第1項の積分} = \frac{4\pi}{4\pi}\int_a^\infty r^2 dr \frac{e^2}{c^2 r^4}\boldsymbol{v} = \frac{e^2}{ac^2}\boldsymbol{v},$$

$$\text{第2項の積分} = -\frac{2\pi}{4\pi}\int_a^\infty r^2 dr \frac{e^2}{c^2 r^4}\int_0^\pi \sin\theta d\theta \cos^2\theta\,\boldsymbol{v}$$

$$= -\frac{1}{3}\frac{e^2}{ac^2}\boldsymbol{v}$$

となる．電子は電磁場を背負って運動するので，場の運動量は，すなわち電子の運動量として現れる．電子の運動量には，上の第1項，第2項の積分の和として

$$\delta\boldsymbol{p} = \frac{2}{3}\frac{e^2}{ac^2}\boldsymbol{v} \qquad (\text{A}1.7)$$

だけの寄与がある．$\delta\boldsymbol{p} = \delta m\cdot\boldsymbol{v}$ によって電子の質量の増分に直せば

$$\delta m = \frac{2}{3}\frac{e^2}{ac^2} \qquad (\text{A}1.8)$$

となる．これが著者の書いている電磁的質量である．

(A1.3) と (A1.8) は違うといっても，数係数の 0.5 と 0.666 … の違いに過ぎない．両者の共通部分 $\delta m = \dfrac{e^2}{ac^2}$ から，仮に δm を電子の質量 m に等しいとして，電子の大きさ a を計算してみよう．

$$\begin{aligned}m &= 9.109\,5\times 10^{-28}\text{g},\\ e &= 4.803\,2\times 10^{-10}\text{c.g.s.e.s.u.},\\ c &= 2.997\,9\times 10^{10}\text{cm/s}\end{aligned} \qquad (\text{A}1.9)$$

だから

$$a = \frac{e^2}{mc^2} = 2.817\,9 \times 10^{-13} \mathrm{cm} \tag{A1.10}$$

となる。これは**古典電子半径**とよばれている。普通 r_e と書く。

1.2 ローレンツ変換の破れ

電磁的質量の表式が（A1.3），（A1.8）と 2 つできてしまったことは相対性理論のローレンツ変換が破れていることを意味する。（A1.3）は静止質量に対する式であり，（A1.8）は電子が運動している場合（電子に対して動いている座標系から見た場合）に見る質量だからである。

ローレンツ変換は，電子が静止している場合の時空位置座標 ($x_0 = ct, x_1, x_2, x_3$) と，それに対して x_3 軸方向に速度 $-\boldsymbol{v}$ で動いている（電子が速度 $\boldsymbol{v}$ で動いているように見える）座標系で見た時空位置座標 (x'_0, x'_1, x'_2, x'_3) の関係でいえば

$$x'_0 = \frac{x_0 + \frac{v}{c}x_3}{\sqrt{1-\frac{v^2}{c^2}}}, \quad x'_1 = x_1, \quad x'_2 = x_2,$$

$$x'_3 = \frac{x_3 + \frac{v}{c}x_0}{\sqrt{1-\frac{v^2}{c^2}}} \tag{A1.11}$$

となる。

これが，一般に相対性理論にいう 4 元ベクトルの変換式であって，エネルギー・運動量 4 元ベクトル ($E/c, p_1, p_2, p_3$) に対しても成り立つ。電子が静止している座標系では，$\boldsymbol{p} = (p_1, p_2, p_3) = 0$ だから，それを速度 $-\boldsymbol{v}$ で $-z$ 方向に動く座標系で見

ると

$$\frac{E'}{c} = \frac{\dfrac{E}{c}}{\sqrt{1-\dfrac{v^2}{c^2}}}, \quad p'_1 = 0 \quad p'_2 = 0,$$

$$p'_3 = \frac{\dfrac{v}{c}\dfrac{E}{c}}{\sqrt{1-\dfrac{v^2}{c^2}}}$$
(A1.12)

となる。

前節のわれわれの計算は，実は非相対論的であって，電子の速度について $(v/c)^2$ までの精度はない。変換式においても v^2/c^2 のオーダーまで書いても意味がないのである。そこで，そのオーダーは省略して

$$\frac{E'}{c} = \frac{E}{c}\left(1+\frac{v^2}{2c^2}\right), \quad p'_1 = 0, \quad p'_2 = 0,$$

$$p'_3 = \frac{E}{c^2}v$$
(A1.13)

としなければならない。E' については，一見 $O(v^2/c^2)$ までとっているように見えるかもしれないが，静止エネルギーが $E = mc^2$ だから

$$E' = mc^2\left(1+\frac{v^2}{2c^2}\right) = mc^2 + \frac{1}{2}mv^2$$

となるのである。

（A1.13）で見ると，電子の静止エネルギーの増分が δE であれば，電子の電磁的運動量の増分は $(\delta E/c^2)\boldsymbol{v}$ となることが分かる。電子の質量でいえば $\delta E/c^2$ である。この関係が前節の（A1.3）と（A1.7）では破れている。ローレンツ変換が破れているのである。

ポアンカレは 1905 年に,ローレンツ変換性の破れには触れなかったが,電子のストレス・テンソルについて電荷の破裂を抑える項を加えなければ電子が安定に存在し得ないことを指摘した[2]。この項をポアンカレのストレスという。電子のストレス・テンソルとローレンツ変換性の破れとの関係については参考書[3]を参照。

2 くりこみ理論とはどんなものか

くりこみ理論とは,どんなものか,感じとっていただくために,簡単なベーテの理論[4]を紹介しよう。これは,水素原子の電子のエネルギー・スペクトルに輻射場との相互作用がどんな影響を与えるかを調べる非相対論的なモデルである[5]。

2.1 ベーテの理論

ポテンシャル V の中を運動する質量 m_0,荷電 e の粒子と電磁場

$$\boldsymbol{A} = \sum_{\boldsymbol{k},\lambda} \sqrt{\frac{4\pi\hbar c^2}{2\omega_k V}} \left\{ a_{\boldsymbol{k},\lambda} \boldsymbol{e}_{\boldsymbol{k},\lambda} e^{i(\boldsymbol{k}\cdot\boldsymbol{r}-\omega_k t)} + a^{\dagger}_{\boldsymbol{k},\lambda} \boldsymbol{e}_{\boldsymbol{k},\lambda} e^{-i(\boldsymbol{k}\cdot\boldsymbol{r}-\omega_k t)} \right\} \quad (\text{A}2.1)$$

との相互作用を考える。ここに $\hbar$ はプランク定数 $/(2\pi)$,$\boldsymbol{k}$ は光子の波数ベクトル,ω_k はその光子の角振動数 ck であり,V は,ひとまず電磁場を体積 V の立方体に閉じ込めて,その壁で周期的境界条件を課すとしたものである。後に $V \to \infty$ の極限

---

[2] H. Poincaré: *Rend. del Circ. Mat. di Palermo* **21**, 129 (1906).
[3] 江沢『相対性理論』,裳華房 (2008),p.213–216。
[4] H. A. Bethe, *Phys. Rev.* **72**, 339 (1947).
[5] くりこみ理論の歴史と現状については次を参照。宇川 彰:場の量子論とくりこみ理論の半世紀,科学 **76**, 369 (2006)。湯川・朝永生誕 100 年特集号。

をとる。光子の生成・消滅演算子を $a_{\bm{k},\lambda}^\dagger, a_{\bm{k},\lambda}$ とする。$\bm{A}$ とその正準共役量 $4\pi\hbar c^2\dot{\bm{A}}$ が正準交換関係をみたすとして導かれる：

$$[a_{\bm{k},\lambda}, a_{\bm{k}',\lambda'}^\dagger] = \delta_{\bm{k},\bm{k}'}\delta_{\lambda,\lambda'}, \quad [a_{\bm{k},\lambda}, a_{\bm{k}',\lambda'}] = [a_{\bm{k},\lambda}^\dagger, a_{\bm{k}',\lambda'}^\dagger] = 0.$$

$\bm{e}_{\bm{k},\lambda}(\lambda = 1, 2)$ は光子の偏光の方向を示す。$\bm{k}\cdot\bm{e}_{\bm{k},\lambda} = 0$ である。

目標は，水素原子のエネルギー準位が電磁場の横波（輻射場）との相互作用でどう変わるかを明らかにすることなので，$V = -e^2/r$ である。電子に対するシュレーディンガー方程式は，電子の質量を m_0 として

$$\left\{\frac{1}{2m_0}\left(\bm{p}-\frac{e}{c}\bm{A}\right)^2 + V(\bm{x}) + \frac{1}{8\pi}\int(\bm{E}^2+\bm{B}^2)d\bm{x}\right\}\psi_n(\bm{x})$$
$$= E_n\psi_n(\bm{x}). \tag{A2.2}$$

である。ただし $\bm{p} = -i\hbar\,\mathrm{grad}$ である。これを解くのに，電場と磁束密度

$$\bm{E} = -\frac{1}{c}\frac{\partial\bm{A}}{\partial t}, \quad \bm{B} = \mathrm{rot}\,\bm{A}$$

を用い

$$\mathcal{H}_0 = \frac{\bm{p}^2}{2m_0} + V(\bm{p}) + \frac{1}{8\pi}\int(\bm{E}^2+\bm{B}^2)d\bm{x} \tag{A2.3}$$

を非摂動ハミルトニアンとし，$\dfrac{e^2}{2m_0c^2}\bm{A}^2$ は省略して

$$\mathcal{H}_1 = \frac{e}{m_0}(\bm{p}\cdot\bm{A}) \tag{A2.4}$$

を摂動として，その 2 次まで計算しよう。ここに $\bm{p} = -i\hbar\,\mathrm{grad}$ は $\bm{A}$ と可換である。

エネルギー固有値 E_n に対する 1 次の摂動は 0 で，2 次の摂動は

$$E_n^{(2)} = -\sum_m\sum_{\bm{k},\lambda}\frac{4\pi\hbar}{2\omega_k V}\left(\frac{e}{m_0}\right)^2\frac{|\bm{p}_{mn}\cdot\bm{e}_{\bm{k},\lambda}|^2}{E_m-E_n+\varepsilon_k}$$

となる。ここに $\boldsymbol{p}_{mn}$ は非摂動ハミルトニアン（A2.3）の固有状態による運動量の行列要素，$\varepsilon_k = \hbar\omega_k = \hbar ck$ は光子のエネルギーである。この式は，状態 n にあった電子が光子 $\hbar\omega_k$ を放出して状態 m に移り，次いでその光子を吸収して状態 n に戻るという仮想過程（virtual process）に対応している。仮想過程なので，エネルギー保存則からの制約はなく，あらゆる状態 m，光子の振動数，飛び出す方向，偏りにわたって総和している。

$\sum_\lambda |\boldsymbol{p}_{mn}\cdot\boldsymbol{e}_{k,\lambda}|^2$ は $\boldsymbol{k}$ に垂直で互いに直交する方向を向いた2本の単位ベクトル $\boldsymbol{e}_{k,\lambda}$ のそれぞれと $\boldsymbol{p}$ の内積の2乗の和だから，その2本が張る平面への $\boldsymbol{p}_{mn}$ の射影の2乗に等しい。よって $\boldsymbol{k}$ と $\boldsymbol{p}$ のなす角を Θ とすれば

$$\sum_\lambda |\boldsymbol{p}_{mn}\cdot\boldsymbol{e}_{k,\lambda}|^2 = |\boldsymbol{p}_{mn}|^2 \sin^2\Theta$$

となる。これを $\boldsymbol{k}$ の方向について積分すれば

$$\int_0^\pi \sin\Theta d\Theta \int_0^{2\pi} d\Theta \sin^2\Theta = \frac{8\pi}{3}$$

となって，$\boldsymbol{k}$ については大きさについての和だけが残り

$$E_n^{(2)} = -\sum_m \sum_k \frac{4\pi\hbar}{2\omega_k V}\left(\frac{e}{m_0}\right)^2 \frac{8\pi}{3} \frac{|\boldsymbol{p}_{mn}|^2}{E_m - E_n + \varepsilon_k}$$

となる。ところが

$$\frac{1}{V}\sum_k \cdots \longrightarrow \frac{1}{(2\pi)^3}\int_0^\infty \frac{\varepsilon_k^2 d\varepsilon_k}{(\hbar c)^3} \cdots$$

であるから

$$E_n^{(2)} = -\frac{2e^2}{3\pi\hbar m_0^2 c^3}\int_0^\infty \sum_m \frac{|\boldsymbol{p}_{mn}|^2}{E_m - E_n + \varepsilon_k} \varepsilon_k d\varepsilon_k \quad \text{(A2.5)}$$

となる。

2.2 発散の処理

表式 (A2.5) の ε_k 積分はひどく発散するので次のように処理する。結果を先にいうことになるが，積分の発散が最も著しい部分は"くりこみ"によって消去するが，残る部分は，もし相対論的な扱いをしていたら収束することが知られているので，われわれの計算の発散は高エネルギー部分の取り扱いがよくないことの表われである。そこで積分の，本来，相対論的な扱いをしなければならなかった部分 ($k > m_0 c^2$) は k の積分の上限を K とすることでカット・オフしよう。もともと不当な非相対論的扱いをしていた部分だから，もし発散しなかったとしてもカット・オフすべきものであった。

そこで，被積分関数を

$$-\int_0^K \left\{\frac{1}{\varepsilon_k} + \left(\frac{1}{E_m - E_n + \varepsilon_k} - \frac{1}{\varepsilon_k}\right)\right\} \varepsilon_k d\varepsilon_k$$
$$= -\int_0^K \left\{1 - \frac{E_m - E_n}{E_m - E_n + \varepsilon_k}\right\} \varepsilon_k d\varepsilon_k.$$

と変形し

$$\sum_m |\boldsymbol{p}_{mn}|^2 = \sum_m \boldsymbol{p}_{nm} \cdot \boldsymbol{p}_{mn} = (\boldsymbol{p}^2)_{nn}$$

に注意すれば，(A2.5) は

$$-\int_0^K \sum_m |\boldsymbol{p}_{mn}|^2 \left\{\frac{1}{\varepsilon_k} + \left(\frac{1}{E_m - E_n + \varepsilon_k} - \frac{1}{\varepsilon_k}\right)\right\} \varepsilon_k d\varepsilon_k$$
$$= -(\boldsymbol{p}^2)_{nn} \int_0^K d\varepsilon_k + \sum_m |\boldsymbol{p}_{mn}|^2 \int_0^K \frac{E_m - E_n}{E_m - E_n + \varepsilon_k} d\varepsilon_k \quad (A2.6)$$

と書き直すことができる。右辺の第1項の発散が著しい。発散の程度をカット・オフ依存性で見ると

$$\int_0^K d\varepsilon_k = K$$

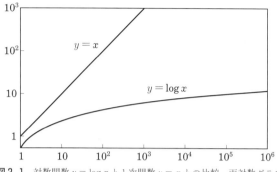

図 2.1 対数関数 $y = \log x$ と 1 次関数 $y = x$ との比較，両対数グラフ

なので，この発散は K について 1 次であるという．この項が運動量の 2 乗 $(\boldsymbol{p}^2)_{nn}$ に比例していることが注目される．右辺の第 2 項では

$$\int_0^K \frac{E_m - E_n}{E_m - E_n + \varepsilon_k} d\varepsilon_k = (E_m - E_n) \log \frac{E_m - E_n + K}{E_m - E_n} \quad \text{(A2.7)}$$

なので，発散は K について対数的であるという．この発散は第 1 項に比べかなり弱い（図 2.1）．

2.3 質量のくりこみ

いよいよ，くりこみ理論の登場である．

（A2.5）の，発散が最も著しい部分，すなわち（A2.6）の右辺第 1 項からの $E_n^{(2)}$ への寄与

$$-\left(\frac{2e^2}{3\pi \hbar m_0^2 c^3} \int_0^K d\varepsilon_k \right)(\boldsymbol{p}^2)_{nn} \quad \text{(A2.8)}$$

が $(\boldsymbol{p}^2)_{nn}$ に比例していることに注目して，演算子の形で

$$\mathscr{H}_2' = -\frac{1}{2} \frac{\delta m}{m_0^2} \boldsymbol{p}^2 \quad \left(\delta m = \frac{2e^2}{3\pi \hbar c^3} \int_0^K d\varepsilon_k \right) \quad \text{(A2.9)}$$

と書き，非摂動ハミルトニアン（A2.3）の運動エネルギーの部

分

$$\mathcal{H}_0 = \frac{1}{2m_0}\boldsymbol{p}^2 \tag{A2.10}$$

に移す：

$$\mathcal{H}_0+\mathcal{H}_2' = \frac{1}{2m_0}\boldsymbol{p}^2-\frac{1}{2}\frac{\delta m}{m_0^2}\boldsymbol{p}^2 = \frac{1}{2(m_0+\delta m)}\boldsymbol{p}^2 \tag{A2.11}$$

こうして，発散（A2.8）が電子の質量にくりこまれた。

実は，非摂動ハミルトニアンの電子の運動エネルギーの部分が（A2.10）から（A2.11）に変わったので，それで摂動計算をやり直すと，非摂動ハミルトニアンの固有ベクトルも変わり，それに関する $\boldsymbol{p}^2$ の行列要素 $(\boldsymbol{p}^2)_{mn}$ も変化する。これでは不整合がおこるので，くりこみ理論では次のようにする。

輻射との相互作用で電子の質量が本来の m_0 から変化することを見越して，その変化分を δm とし，$m = m_0+\delta m$ として

$$\frac{1}{2m_0}\boldsymbol{p}^2 = \frac{1}{2(m-\delta m)}\boldsymbol{p}^2 = \frac{1}{2m}\boldsymbol{p}^2+\frac{\delta m}{2m^2}\boldsymbol{p}^2$$

と書き，最右辺の $\boldsymbol{p}^2/2m$ で非摂動ハミルトニアン（A2.3）の $\boldsymbol{p}^2/2m_0$ をおきかえ，$(\delta m/2m^2)\boldsymbol{p}^2$ を摂動ハミルトニアン（A2.4）に加えておく。すなわち，（A2.3）を

$$\mathcal{H}_0 = \frac{\boldsymbol{p}^2}{2m}+V(\boldsymbol{x})+\frac{1}{8\pi}\int(\boldsymbol{E}^2+\boldsymbol{B}^2)d\boldsymbol{x}$$

でおきかえ，（A2.4）を

$$\mathcal{H}_1 = \frac{e}{m}(\boldsymbol{p}\cdot\boldsymbol{A})+\frac{\delta m}{2m^2}\boldsymbol{p}^2 \tag{A2.12}$$

でおきかえる。こうしておいて $m_0+\delta m = m$ を電子の<u>実測される質量</u>とおく。これが**くりこみ理論**（renormalization theory）である。

こうした上で摂動計算をすると，摂動ハミルトニアン（A2.12）

の右辺第1項からの2次の摂動 $E_n^{(2)}$ への寄与の一部として (A2.8) が現れるのに加えて (A2.12) の右辺第2項の1次の摂動の寄与も現れ，(A2.8) は

$$-\left(\frac{2e^2}{3\pi\hbar m^2 c^3}\int_0^K d\varepsilon_k\right)(\boldsymbol{p}^2)_{nn}+\frac{\delta m}{2m^2}(\boldsymbol{p}^2)_{nn} \quad \text{(A2.13)}$$

に変わる。そこで

$$\delta m = \frac{2e^2}{3\pi\hbar c^3}\int_0^K d\varepsilon_k$$

にとれば (A2.13) は消えてしまう。

こうして，$(\boldsymbol{p}^2)_{nn}$ の行列要素が質量 m_0 の粒子の定常状態に関するものか，質量 m の粒子に関するものかという先に述べた不整合は除かれた。この意味で，くりこみ理論は**自己無撞着引算法**（self-consistent subtraction method）とよばれたことがある。(A2.12) の右辺の第2項は**引算項**（counter-term）とよばれる。

実は上の理論は完全に自己無撞着とはいえない。(A2.12) の右辺の第一項で m_0 を m でおきかえたのに，そのための引算項を入れてないからである[6]。相対論的な場の理論におけるくりこみ理論では，電荷 e に関する引算項も入れて，この問題は完全に解決されている。

(A2.9) の δm が電磁的質量であるが，これを前節で得た (A1.8) と比べると

$$a = \pi\frac{\hbar}{mc}\cdot\frac{mc^2}{\int_0^K d\varepsilon_k} \quad \text{(A2.14)}$$

になっている。電子が輻射との相互作用で揺すられて a 程度の

---

[6] この理論を出したベーテは，このことに触れていない。彼は $(\boldsymbol{p}^2)_{mn}$ の行列要素に関する問題にも触れていない。摂動の高次になるからという理由が考えられる。

広がりをもつようになったのである。電子の質量を m として

$$r_{\mathrm{C}} = \frac{2\pi\hbar}{mc} = 2.426\ 31\times 10^{-10}\,\mathrm{cm} \qquad (\mathrm{A2.15})$$

を電子の**コンプトン波長**という。エネルギーのカット・オフを，前に述べた理由によって $K = mc^2$ とすれば，電子の広がり（A2.14）はコンプトン波長の 1/2 倍となる。

この"電子の大きさ"（A2.14）が以前に計算した古典電子半径（A1.10）と著しく違うことは興味深い。コンプトン波長は，またディラック電子の震え振動（Zitterbewegung）の振幅としても知られている[7]。

こうして，$E_m^{(2)}$ の含む発散のうち最も著しい部分は電子の質量にくりこむ（吸収させる）ことができ，一応，除かれた。"一応"というのは電子の質量に吸収させた δm が実は K の 1 次で発散しているからである。

電子の質量が無限大に発散することは，電子が自身，広がりをもつことを示しているのではないか？ 電子が広がりをもっているとすれば，電子の電磁的質量は有限になるだろう，という声が聞こえてくる。しかし，それは電子の運動が相対性理論に従っているとしたら不可能である。なぜなら，電子の一端をつくと，他端が同時に動き，作用が光速より速く伝わることになるから。

この発散にもかかわらず，それを含めた（A2.11）の $m_0 + \delta m$ を電子の<u>実験にかかる</u>，有限な質量（観測質量）とみなすことが行われている。それが 10 桁を超える非常な精度で実験に合う結果をもたらすのである[8]。発散のこのような処理を**くりこみ**

---

[7] 湯川秀樹・豊田利幸編『量子力学Ｉ』，岩波講座・現代物理学の基礎3，岩波書店（1978），p.413。

という。

ベーテの非相対論的な理論では $E_n^{(2)}$ の，くりこみをした後に残った部分も発散積分を含みカット・オフを必要としているが，相対論的な場の理論による計算では，非相対論的には①カット・オフ K に比例した発散が実は対数的で，②その次の発散は実は発散せず有限になることが知られている[9]。

この相対論的な理論がいかにして学界の認めるところとなったかは，著者が本書の本文で詳しく説明している。われわれも非相対論的な理論ながらベーテに従って，実験との比較ができるところまで計算を進めてみよう。

2.4 巧妙な計算

われわれは（A2.5）を計算するために，その一部分を取り出して（A2.7）のように変形した。そして，その右辺第1項を質量にくりこんだ。その一部分といわず全体を書くならば，質量のくりこみによって m_0 が m に変わったことを思い出して

$$E_n^{(2)} = \frac{2e^2}{3\pi\hbar m^2 c^3}\sum_m|\boldsymbol{p}_{mn}|^2\int_0^K\frac{E_m-E_n}{E_m-E_n+\varepsilon_k}d\varepsilon_k \quad (\text{A2.16})$$

となる。これが計算したい。

まず ε_k 積分をして

$$E_n^{(2)} = \frac{2e^2}{3\pi\hbar m^2 c^3}\sum_m|\boldsymbol{p}_{mn}|^2(E_m-E_n)\log\frac{K}{|E_m-E_n|}. \quad (\text{A2.17})$$

ただし，$K \gg |E_m-E_n|$ とした。E_m-E_n に絶対値記号をつけた

---

8 後の脚注13を参照。
9 V. S. Weisskopf, *Kong. Danske Vid. Sels. Math.-fys.* XIV, No. 6 (1936). 相対論的なくりこみ理論については，著者の本文を参照。また，発散問題の歴史については，井上 健・高木修二・片山泰久：素粒子論における発散の問題，所収，湯川秀樹・小林 稔編『素粒子論』，共立出版（1951）。

のは次の理由による。$E_m - E_n$ が負になる場合には ε_k の積分範囲に被積分関数が無限大になる $\varepsilon_k = |E_m - E_n|$ が含まれる。その場合，積分の主値をとることにすれば

$$\left(\int_0^{|E_m-E_n|-\varepsilon} + \int_{|E_m-E_n|+\varepsilon}^0 \right) \frac{1}{\varepsilon_k - |E_m - E_n|} d\varepsilon_k = \log \frac{-\varepsilon}{-|E_m - E_n|} \cdot \frac{K}{\varepsilon_k}$$

となり，$E_m - E_n < 0$ の場合にも > 0 の場合と同じく（A2.17）が成り立つのである。

次に（A2.17）の $\sum_m$ をしなければならないが，ここでベーテは巧妙な手を使う。（A2.17）の $\sum_m \cdots$ の中には対数関数が現れるが，これはゆっくりとしか変わらないから（図2.1），ひとまず定数とみなして $\sum_m$ から外そうというのである。そうすると残りは

$$\sum_m |\boldsymbol{p}_{mn}|^2 (E_m - E_n) = \sum_m (\boldsymbol{p}_{nm} E_m \boldsymbol{p}_{mn} - \boldsymbol{p}_{nm} \boldsymbol{p}_{mn} E_n)$$

とも書けるし

$$\sum_m |\boldsymbol{p}_{mn}|^2 (E_m - E_n) = -\sum_m (E_n \boldsymbol{p}_{nm} \boldsymbol{p}_{mn} - \boldsymbol{p}_{nm} E_m \boldsymbol{p}_{nm})$$

とも書ける。前者は $\langle n | \boldsymbol{p} [\mathcal{H}_0, \boldsymbol{p}] | n \rangle$ に等しく，後者は $-\langle n | [\mathcal{H}_0, \boldsymbol{p}] \boldsymbol{p} | n \rangle$ に等しいから

$$\begin{aligned}
\sum_m |\boldsymbol{p}_{mn}|^2 (E_m - E_n) &= -\frac{1}{2} \int \phi_n^* [\boldsymbol{p}, [\boldsymbol{p}, \mathcal{H}_0]] \phi_n d^3 x \\
&= \frac{1}{2} \hbar^2 \int (\Delta V) |\phi_n|^2 d^3 x \\
&= 2\pi \hbar^2 e^2 \int |\phi_n|^2 \delta(\boldsymbol{x}) d^3 x \\
&= 2\pi \hbar^2 e^2 |\phi_n(0)|^2 \quad (A2.18)
\end{aligned}$$

が成り立つ。ここで $V = -e^2/r, r = \sqrt{x^2 + y^2 + z^2}$ に対して

公式 $$\Delta \frac{1}{r} = -4\pi \delta(\boldsymbol{x}) \quad (A2.19)$$

を用いた。証明しておこう。

証明 ひとまず $1/r$ を，たとえば $1/(r+a)$ におきかえて正則化する。すると

$$\frac{\partial^2}{\partial x^2}\frac{1}{r+a} = \frac{2}{(r+a)^3}\left(\frac{x}{r}\right)^2 - \frac{1}{(r+a)^2}\frac{1}{r} + \frac{1}{(r+a)^2}\left(\frac{x}{r}\right)^2$$

となり，y, z についても同様にして和をとると

$$\sum\frac{\partial^2}{\partial x^2}\frac{2}{(r+a)} = \frac{2}{(r+a)^3} - \frac{2}{(r+a)^2}\frac{1}{r}$$

となる。これは $r \gg a$ では0になる。全空間で積分してみると

$$4\pi\int_0^\infty \Delta\frac{1}{r}d^3x = 4\pi\int_0^\infty\left(\frac{2a^2}{(r+a)^3} - \frac{2a}{(r+a)^2}\right)r^2 dr$$

$$= 4\pi\int_0^\infty\left(\frac{2a^2}{(r+a)^3} - \frac{2a}{(r+a)^2}\right)dr = -4\pi$$

となって a によらない。よって，$a \to 0$ では $\Delta\frac{1}{r}$ は $r=0$ を除くいたるところで0となり，しかし空間積分は -4π となる。これは $\Delta\frac{1}{r}$ が原点を台とする，空間のデルタ関数の -4π 倍に他ならないことを示す。 ■

以上をまとめると，ポテンシャル $V = -e^2/r$ の場を電磁場と相互作用しながら運動する質量 m （ただし，電磁場との相互作用から生ずる質量のずれをくりこんだ）の，主量子数 n の準位は，摂動の2次までの近似で

$$E_m^{(2)} = \frac{2e^2}{8\pi m^2\hbar c^3}\sum_m|\boldsymbol{p}_{mn}|^2(E_m-E_n)\log\frac{K}{|E_m-E_n|} \quad (A2.20)$$

だけズレる。もし対数関数部分 $\log\dfrac{K}{|E_n-E_m|}$ の変化がゆっくりなことに注目して，それを

$$\left\langle \log \frac{K}{|E_m-E_n|} \right\rangle_{\text{av}} = \frac{\sum_m |\boldsymbol{p}_{mn}|^2 (E_m-E_n) \log \dfrac{K}{|E_m-E_n|}}{\sum_m |\boldsymbol{p}_{nm}|^2 (E_m-E_n)} \quad (\text{A2.21})$$

で置き換えると，(A2.18) を用いて——状態を表わす n は，角運動量の量子数 l を加えて nl と書けば

$$E_{nl}^{(2)} = \frac{4}{3} \frac{e^4 \hbar}{c^3} |\psi_{nl}(0)|^2 \left\langle \log \frac{K}{|E_m-E_n|} \right\rangle_{\text{av}} \quad (\text{A2.22})$$

となる．ここに

$$|\psi_{nl}(0)|^2 = \frac{1}{\pi} \left(\frac{1}{n a_{\text{B}}} \right)^3 \delta_{l0} \quad (\text{A2.23})$$

は電子が座標原点に見出される確率密度であって，$l=0$ の状態（s 状態）でのみ 0 でない．したがってエネルギー準位のズレも $l=0$ の準位でのみおこる．さきにベーテの近似計算が巧妙だといったのは，準位のズレの——厳密な計算でもほとんど正しい——この特徴をつかみだしたからである．

(A2.23) を代入して少し整理すれば

$$E_{nl}^{(2)} = \frac{8}{3\pi} \left(\frac{e^2}{\hbar c} \right)^3 \text{Ry} \frac{1}{n^3} \left\langle \log \frac{K}{|E_n-E_m|} \right\rangle_{\text{av}} \delta_{l0} \quad (\text{A2.24})$$

となる．ここに

$$\text{Ry} = \frac{e^2}{2 a_{\text{B}}} = 13.6 \text{ eV} = 2.18 \times 10^{-18} \text{J} \quad (\text{A2.25})$$

は水素原子の基底状態からのイオン化エネルギーである．

ベーテは，水素原子の $n=2$ の準位に対して，$K = mc^2 = 0.510\,999$ MeV として数値計算で

$$\left\langle \log \frac{K}{|E_m-E_2|} \right\rangle_{\text{av}} = 7.63 \quad (\text{A2.26})$$

を得た．準位 E_{2l} のズレは，振動数で表わすと

$$\frac{E_{2l}^{(2)}}{2\pi\hbar} = \frac{8}{3\pi}\left(\frac{1}{137}\right)^3 \frac{(2.18\times 10^{-18}\text{J})\times 7.63}{2\pi\times 1.055\times 10^{-34}\text{J}\cdot\text{s}} \frac{1}{2^3}\delta_{l0}$$
$$= 1040\times 10^6 \, \delta_{l0} \text{ cycles} \qquad (\text{A2.27})$$

となり，実験とよく一致した（後述）．

2.5 ラムとレザーフォードの実験

原子のエネルギースペクトル

水素原子の電子のエネルギー準位は，シュレーディンガー方程式によれば主量子数 n だけで定まり角運動量にはよらなかったが，ディラック方程式によると電子の軌道角運動量 l とスピンを合成した j にも依存し

$$E_{nj} = \frac{mc^2}{\sqrt{1 + \cfrac{\alpha}{n - j - \cfrac{1}{2} + \sqrt{\left(j + \cfrac{1}{2}\right)^2 - \alpha^2}}}} \qquad (\text{A2.28})$$

となる．見やすくするために $\alpha = e^2/(\hbar c) = 1/137$（微細構造定数）で展開すれば

$$E_{nj} = mc^2 \left\{ 1 - \frac{\alpha^2}{2n^2} - \frac{\alpha^4}{n^3}\left(\frac{1}{j+\cfrac{1}{2}} - \frac{3}{4n}\right) - \cdots \right\} \qquad (\text{A2.29})$$

となり，右辺で mc^2 を含めて第 1 項は静止エネルギー，第 2 項がシュレーディンガー方程式からの結果で，前節の Ry = 13.6 eV を使って書けば $-\text{Ry}/n^2$ となる．そして第 3 項が相対論（質量の速度依存性）とスピンの効果を表わす．

この節で問題にするのは第 3 項に対する補正で，そのうちでも $2s_{1/2}, 2p_{1/2}, 2p_{3/2}$ の準位である．$2s_{1/2}$ などとした，その最初の数字は主量子数 $1, 2, \cdots$，次のアルファベットは軌道角運動量 l

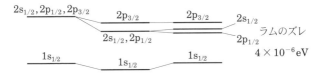

図 2.2 ディラック方程式による水素原子のスペクトルの微細構造とラムのズレ。比較のため，シュレーディンガー方程式の場合を加えた。水素原子の $2s_{1/2}$ 準位は，ディラック方程式によれば $2p_{1/2}$ 準位と縮退しているが，電子と輻射場の相互作用を入れると，$2s_{1/2}$ 準位が，$2p_{3/2}$ と $2p_{1/2}$ の間隔 $4.53\times10^{-5}\,\mathrm{eV}$ の 10% ほど，$2p_{1/2}$ 準位から上にズレる。これがラムのズレである。

で $s, p, d, \cdots = 0, 1, 2, \cdots$ を，下つきは軌道角運動量とスピンの合成角運動量の大きさ j を表わす。

さて，その第 3 項であるが，$n=2$ の準位はディラック方程式によると図 2.2 のように $2s_{1/2}, 2p_{1/2}$ と $2p_{3/2}$ とに分裂する。そこで縮退していた $2s_{1/2}$ と $2p_{1/2}$ がわずかに分裂しているというのが**ラムのズレ**（Lamb shift）で，ラムとレザーフォードが 1947 年の実験[10]で発見したものである。

図 2.2 について詳しくいえば，ラムのズレは，ベーテの理論では $4.28\times10^{-6}\,\mathrm{eV}$ で $2p_{3/2}$ と $2p_{1/2}$ の準位間隔の 9.5%，2001 年までの[11]実験値は $4.374\,97\times10^{-6}\,\mathrm{eV}$ で当の準位間隔の 9.65%，理論値は $4.376\times10^{-6}\,\mathrm{eV}$ で 9.66% である。

マイクロ波技術を活用した実験

ここで解説しているベーテの論文は，ラムたちの実験に刺激され，それより後に書かれたものである。実は，ラムたちの実験より前にパステルナク[12]が水素原子のエネルギー準位の超微細構造とディラック理論の比較に興味をもち，$np_{1/2} \to 2s_{1/2}$ 遷

---

10 W. E. Lamb and R. C. Retherford, *Phys. Rev.* **72**, 241（1947）.
11 M. I. Eides, *Physics Reports* **342**, 63（2001）.
12 S. Pasternack, *Phys. Rev.* **54**, 1113（1938）.

移に相当するバルマー系列（$n = 3, 4, \cdots$）のスペクトル線がやや太くなっていることから $2s_{1/2}$ 準位が波数 $1/\lambda$ にして 0.03 cm^{-1}（振動数にすれば 900 MHz）上にずれているのではないかとしていた。ラムたちは第二次大戦後の1947年に、戦争中に発達した極超短波技術を使えば、この点を明らかにできるだろうと考えて、実験に挑んだのであった。

　ラムたちは、タングステンの炉で水素分子を熱分解し、スリットから噴出させ、それに垂直に電子線を当てて、その中の約1億分の1の水素原子を $2s_{1/2}$ 状態に励起した。これを電流計につないだ金属板に当てると電流が流れる。しかし、もし $2s_{1/2}$ 準位がパステルナックが予想したようにズレていたら、$2s_{1/2}$ の水素原子に適当な周波数 ν のマイクロ波を当てると $2p_{1/2}$ への共鳴的な遷移が起こり、そうすると $2s_{1/2}$ 状態には選択則 $\Delta l = \pm 1$ で禁止されていた基底状態 $1s_{1/2}$ への遷移が可能になる。その寿命は 1.6×10^{-9} s という短さだから、その水素原子が金属板に衝突するときには基底状態になっているため電流が流れない。つまり、電流計の読みによって $2s_{1/2}$ と $2p_{1/2}$ との共鳴周波数、したがって2つの状態のエネルギー差がわかるというのである。

　実際には、水素原子に磁場 B をかけて、ゼーマン分離を含めた共鳴周波数 $\nu(B)$ を測り、$B \to 0$ に内挿して精度をかせいだ（図 2.3）。図 2.3 の実線は、上から $2s_{1/2}, m = 1/2 \to 2p_{3/2}, m' = 3/2, 1/2, -1/2$ の図に書き込まれた遷移に対するもので、実験では○で示されたようになり、$2s_{1/2}$ 準位と $2p_{3/2}$ 準位の間隔を当時の理論（ディラック方程式による）に合わせて引いた実線には合わず、実線を 1000 MHz だけ下げて引いた破線に合っている。

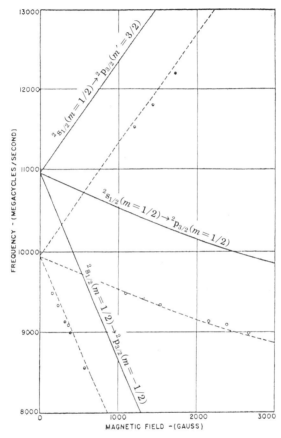

図 2.3 共鳴周波数 ν の磁場 B 依存性の実測。〇は実験値,実線は当時の理論値で,磁場 0 のとき $2s_{1/2}$ と $2p_{1/2}$ は縮退している(ディラック方程式からの予言)と仮定して引いた線で,実験値はこれらからズレており,実線を 1000 MHz (Mega cycles/second)だけ下げて引いた破線にのっている。$2p_{3/2}$ 等は電子の状態を表わす。左肩の数字はスピン多重度 $2s+1$ を与える。p や下つきの数字の意味は (A2.29) の下に説明されている。m は磁気量子数で軌道角運動量とスピンを合成した $\boldsymbol{j}$ の z 成分を表わす。Lamb-Retherford(脚注 10)より。

この実験から，水素原子の $2s_{1/2}$ 準位は $2p_{3/2}$ 準位より振動数にして約 $\Delta\nu = 1000$ MHz だけ，すなわち 4.13×10^{-9} eV 上にあることが分かった。これは，ベーテの計算値（A2.27）と一致している。ベーテに続いてなされた相対論的な場の理論にもとづくくりこみ理論による計算は，質量のみならず電子の電荷をもくりこむことを要求したが，ラムのズレのその後のもっと精密な測定値に一致した。電子の磁気モーメントのディラック理論からのズレ（異常磁気モーメント）の測定値との一致は，めざましく 10 桁におよぶ[13]。

　ここで白状するのだが，上の説明の中で「$2s_{1/2}$ 状態の水素原子を電流計につないだ金属板に当てると電流が流れる」としたところ，実はよく分からない。実は，この実験を聞いて朝永グループが計算を終えた頃（？）朝永先生の『量子力学（1）』が，戦後のこの時期に驚くべき壮大な企画として始まった「現代物理学大系」の第 2 回配本としてでたのだが，それに挟み込まれた「物理学ニュース」（1948 年 1 月）に中村誠太郎先生が「水素原子の微細構造」と題してラムのズレの歴史，実験の解説，理論の状況を書いておられる。上に分からないとしたところは「$2s_{1/2}$ 状態の原子だけが金属の標的からの電子放射の過程を経て間接に観測される」となっていて，これも分からない。ラムたちの論文を見ても「The metastable ($2s_{1/2}$) atoms move on … and are detected by the process of electron ejection from a metal target.」とあり，よく分からない。まあ，金属のターゲットに準安定な原子が衝突すると電子が飛び出すという程度の理

13　木下東一郎：QED の精密計算と朝永理論，科学 **76**, 392（2006）。湯川・朝永生誕特集号。以前のことになるが，もっと多くの実験との比較が木下東一郎：量子電磁力学の現状にある。所収，江沢洋・恒藤俊彦編『量子物理学の展望 上』，岩波書店（1977）。

解でも，実験の大筋をつかむには差し支えなかろう。

3 真空偏極

前節では電子の電荷のくりこみに触れる機会がなかったので，この節で簡単に述べておきたい。

真空の中に正の電荷 e_0 をもつ粒子をもちこんだら何がおこるか？ それを試験粒子とよぶことにするが，それが周囲につくるポテンシャル $V(r)$ を調べるために電子を衝突させて散乱を見ることにする。散乱のボルン近似はポテンシャルのフーリエ変換を与える。そのためには，試験粒子は大きな質量をもって静止し続ける場合を考えるのが便利である。

真空に正電荷 e_0 の試験粒子をもちこみ，それと電子との衝突が輻射との相互作用によってどう影響されるか，相対論的な場の量子論の摂動論によって調べると，仮想過程（virtual process）として試験粒子あるいは電子が輻射を出して，それを吸収したり，あるいは出した輻射が陰電子と陽電子のペアを対生成し，そのペアが対消滅して輻射に戻って試験粒子あるいは電子に吸収されるなど，いろいろな過程がおこる。摂動論の仮想過程では，前節の（A2.5）でも見たようにエネルギーの保存はかならずしも成り立たないのである。そのため，たとえ低いエネルギーの輻射であっても対生成をおこすことができる。保存が成り立たないことをエネルギーが不確定 ΔE をもつせいだと思えば，それによってつくられた状態は対応する時間の不確定 $\Delta t \sim \hbar/\Delta E$ の程度しか存在し得ないことになる。試験粒子のまわりは陰陽の電子対や輻射が生まれては消え，生まれては消える揺らぎの世界なのである。

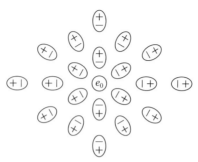

図 3.1 試験電荷のまわりにできる陰陽電子の双極子の配列。試験電荷から電子のコンプトン波長くらい離れると双極子もまばらになる。遠くからそれを見ると、試験電荷とそれを取り囲む双極子が一つの電荷 $e < e_0$ の粒子に見える。

その揺らぎの中でも、電子対のうち陰電子は正電荷の試験粒子に引かれ、陽電子は反発されて試験電荷のまわりには図 3.1 のような電気双極子の配列が生ずるだろう。その配列を散乱電子から見れば、中心の電荷 e_0 を電気双極子が取り囲んで遮蔽していることになる。図 3.1 でも中心の電荷 e_0 に近いところほど多くの正電荷が群がっている。これを遠くから——波長の長い、すなわち低エネルギーの電子線で——大づかみに見れば、遮蔽された電荷 $e < e_0$ の粒子があるように見えるだろう。これが、前節で述べた質量のくりこみ $m_0 \to m$ に相当する電荷のくりこみ $e_0 \to e$ である。

しかし、くりこみのこの見方には、ウィルソンが一石を投じた[14]。試験電荷のまわりにできる電荷の揺らぎに潜り込んで詳しく見る、うんと近づけば元々の e_0 が見えてくるはずだというのである。こうして、相互作用の強さ（電磁力学でいえば電荷の大きさ）は、考える現象の広がりの大きさに依存して変わ

14　K. G. Wilson, *Physics Reports* **12C**, 75 (1974).

るという見方が導入された。原子の構造が問題ならば 10^{-10} m，素粒子の現象ならコンプトン波長の程度の広がりに，それぞれ見合った相互作用の強さをとるべきだというのである。それがくりこんだ相互作用の強さになる。

試験電荷のまわりには，試験電荷のつくる，散乱電子との間のポテンシャル $-e_0^2/r$ に加えて，仮想過程で生まれた陰陽電子の双極子と散乱電子の間にポテンシャルが生ずる。計算は複雑なので，説明することは差し控えるが，結論をいえば，次のようである[15]。

計算上は，ここでも無限大が現れ，無限大を"くりこんだ" e を試験粒子の，$-e$ を電子の電荷の測定値とすることになる（観測電荷）。それは，繰り返すが，大づかみに見た話であって，電気双極子の森をくぐって試験電荷に近づけば，その本来の電荷 e_0 が見えてくるのである（図 3.2）。すなわち

（1） $r \gtrsim \dfrac{h}{mc}$ においては

$$V(r) = -\frac{e^2}{r}\left(1 + \frac{\alpha}{4\sqrt{\pi}} \frac{e^{-r/r_C}}{(r/r_C)^{3/2}} + \cdots \right) \quad (A3.1)$$

となる。

$r_C = \dfrac{h}{mc} = 2.426 \times 10^{-10}$ cm は前出の電子のコンプトン波長であり，$\alpha = \dfrac{e^2}{\hbar c} = \dfrac{1}{137.04}$ は**微細構造定数**（fine structure constant）とよばれる。

（A3.1）の（…）内の第 2 項が陰陽電子の双極子がつくるポテンシャルであって，r が r_C を越えて大きくなると消える。水素原子の電子が見ている原子核のポテンシャルは r がボーア半径

---

15 M. E. Peskin and D.V. Schroeder, *An Introduction to Quantum Field Theory*, Addion-Wiley（1995），pp. 252-257.

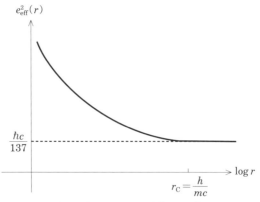

図 3.2 陰陽電子対の双極子の森に突っ込むと遮蔽効果が薄れ，$e_{\text{eff}}^2 \to e_0^2$ となる様子，定性的。

$a_\text{B} = 0.529\,2 \times 10^{-8}$ cm のオーダーのもので，くりこんだ電荷 e による $-e^2/r$ である。

（2）試験電荷にぐっと近づいた $r \lesssim r_\text{C}$ では，(A3.1) の $\dfrac{e^2}{r}$ の e^2 が

$$e_{\text{eff}}^2(r) = \frac{e^2}{1 + \dfrac{2\alpha}{3\pi} \log \dfrac{Ar}{r_\text{C}}} \tag{A3.2}$$

に変わる。$A = \exp[5/6]$ である。この式の分母が $r \to 0$ で陰陽電子対の双極子の森に突っ込んだ効果を表わしている。双極子の森が中心にある電荷 e_0 を遮蔽していたのが，森の中心に進むにつれて薄れるわけであるが（図 3.2），変化は対数的で，緩やかになる。

この結果（A3.2）はくりこみ群の考察によっても導かれる[16]．質量のくりこみについても，くりこみ群の考察によって同様の

---

[16] M. E. Peskin and D. V. Schroeder, *ibid.* p. 424.

立ち入った調べができる．

4 素粒子論年表

くりこみ理論は素粒子論の発展に大きなインパクトを与えた。発散の処理のために「くりこみ」が適用できる理論とできない理論があることは著者たちの重要な指摘であったが（1952年），以後の発展の中で「くりこみ可能」なことが新しい理論を建てる際の導きの糸になったのである。そして，そこにゲージ場の理論という新しい視点が加わった。それらを中心に素粒子論の歴史をコンパクトに見通せるように，ここに年表を掲げることにした。著者の本文を手がかりとして，さらに想いを広げるための一助ともなれば幸いである。

1916年　H. A. ローレンツ：電子論
1925年　W. ハイゼンベルク：行列力学
1926年　E. シュレーディンガー：波動力学
1928年　P. A. M. ディラック：電子の相対論的波動方程式
　　　　P. ヨルダン・W. パウリ：電荷なしの場の量子電磁力学
1929-30年　W. ハイゼンベルク・W. パウリ：波動場の量子動力学
1931年　P. A. M. デイラック：磁気単極子
1932年　C. D. アンダーソン：陽電子の発見
　　　　V. フォック：相空間と第二量子化
　　　　P. A. M. ディラック：相対論的量子力学，多時間理論
　　　　P. A. M. ディラック・V. フォック・B. ポドルスキー：

多時間理論の展開

E. フェルミ：電磁場の量子化

W. パウリ：ニュートリノ仮説

W. ハイゼンベルク：S行列の理論

1933年 E. フェルミ：ベータ崩壊の理論，粒子の生成消滅

1934年 W. パウリ・V. F. ワイスコップ：スカラー場の量子化

P. A. M. ディラック：空孔理論

W. ハイゼンベルク：空孔理論，真空の分極，光子の質量

1935年 湯川秀樹：中間子の仮説

S. H. ネッダーマイヤー・C. D. アンダーソン：中間質量の粒子発見

仁科芳雄・竹内 柾：中間子の質量を測定，陽子の$1/10$

E. A. ユーリング：真空の偏極，ゲージ不変性の破れ，光子の質量

1936年 V. F. ワイスコップ：空孔理論による真空の電磁力学

1937年 F. ブロッホ・A. ノルドジーク：赤外発散のユニタリ変換による回避

1938年 W. ハイゼンベルク：量子力学の適用限界，普遍的な長さ，相互作用の分類

W. パウリ・M. フィールツ：長波長光子の放出の理論

1939年 E. G. ステュッケルベルク：古典的凝集力場，いろいろな素粒子を考慮

V. F. ワイスコップ：空孔理論による電子の自己エネルギー，発散は対数的

S. M. ダンコフ：電子の散乱への輻射補正

1940年 W. パウリ：スピンと統計の関係

	朝永振一郎・荒木源太郎：負中間子の吸収の理論
1941年	H. ジェール，ディラックの「量子力学におけるラグランジアン」をファインマンに教える
	W. ハイトラー：光子と中間子の散乱への輻射減衰の影響
	A. H. ウィルソン：輻射減衰の量子論
1942年	朝永振一郎：中間子-核子散乱の中間結合理論
	坂田昌一・谷川安孝：二中間子論
	R. P. ファインマン：量子力学における最小作用の原理，経路積分の導入
1943年	朝永振一郎：超多時間理論
	朝永振一郎：中間結合の理論
	W. ハイゼンベルク：S行列理論
1945年	J. A. ホイーラー・R. P. ファインマン：輻射の機構としての吸収体
	［太平洋戦争，終結］
1946年	朝永振一郎：学生を招集，超多時間理論研究会発足
	坂田昌一・原 治：C中間子の理論，発散の困難の解決のために
1947年	W. E. ラム・R. C. レザーフォード：ラムのズレの発見
	E. コンヴェルシ・E. パシチーニ・O. ピッチオーニ：負電荷の宇宙線中間子は軽い核と衝突しても吸収されない
	R. E. マルシャク・H. A. ベーテ：二中間子論
	C. M. G. ラッテス・G. P. S. オッキャリーニ・C. F. パウエル：アンダーソンの「中間質量の粒子」は核力中間子ではない，二中間子論証明

1948年　J. シュヴィンガー：量子電磁力学 I

　　　　朝永振一郎：量子場の理論における無限大の反作用

1949年　R. P. ファインマン：量子電磁力学への時空的アプローチ

　　　　F. J. ダイソン：朝永・シュヴィンガー・ファインマン理論の同等性

　　　　E. フェルミ：複合粒子の仮説

　　　　湯川秀樹：ノーベル賞，中間子の存在の予言に対し

1952年　坂田昌一・梅沢博臣・亀淵 迪：くりこみ理論の適用限界——くりこみ可能な理論と不可能な理論

　　　　L. ヴァン・ホウブ：量子化された場の，あるモデルにおける発散の困難，正準交換関係の非同値表現問題の端緒

1953年　K. O. フリードリクス：正準交換関係の非同値表現

　　　　G. チェレン：量子電磁力学におけるくりこみ定数の大きさ

1954年　C. N. ヤン・R. L. ミルズ：非可換ゲージ理論

　　　　M. ゲルマン・F. E. ロウ：くりこみ群

　　　　H. レーマン・K. シマンチク・W. チンメルマン：場の理論の定式化

1955年　L. D. ランダウ：くりこみ理論の内部矛盾

1956年　A. S. ワイトマン：場の量子論の公理系

　　　　坂田昌一：素粒子の複合模型

1956年　内山龍雄：一般ゲージ理論

1957年　高橋 康：ワード・高橋の恒等式

1958年　B. ポンテコルヴォ：ニュートリノ振動を予言

1959年　山口嘉夫，池田峰夫・小川修三・大貫義郎：$U(3)$ 対称

　　　　　性

　　　　Y. アハラノフ・B. ボーム：磁場に触れない電子にも力がはたらく

　　　　内山龍雄：補助場を用いた共変的量子化

1960年　南部陽一郎：破れた対称性，超伝導のBCS理論のアナロジー

1961年　J. ゴールドストン：ゴールドストン粒子の一般的出現

1962年　牧 二郎・中川昌美・坂田昌一：ニュートリノ振動を予言

1964年　P. W. ヒッグス・F. エングラート：破れた局所的対称性とゲージ・ボソンの質量（ヒッグス・ボソン）

　　　　M. ゲルマン：クオーク模型

1965年　朝永振一郎・J. シュヴィンガー・ファインマン：ノーベル賞

　　　　南部陽一郎・M. Y. ハン：クオークに色の自由度

1966年　K. ヘップ：くりこみの厳密な扱い

1967年　S. ワインバーグ：電弱相互作用の統一理論

1968年　A. サラム：電弱統一理論

1969年　南部陽一郎：素粒子の弦模型

　　　　R. P. ファインマン：パートン模型

1972年　G. トゥフーフト・M. ヴェルトマン：ワインバーグ–サラム理論のくりこみ可能性を証明

　　　　中西 襄：電磁場の補助場を用いた共変的量子化

1973年　小林 誠・益川敏英：弱相互作用のくりこみ可能な理論におけるCPの破れ，クオークの世代数 ≥ 3 を予言

　　　　D. J. グロス・F. ウィルチェク：非可換ゲージ場の漸近

的自由性

　　　　K. オステルワルダー・R. シュレーダー：ユークリッド量子場の公理系

1974年　J. グリム・A. ジャッフェ：多項式相互作用をもつ2次元時空スカラー場の構築

　　　　K. G. ウィルソン・J. B. コグート：くりこみ群とε展開

1978年　九後太一郎・小嶋 泉：ヤン・ミルズ場の共変的正準量子理論

1982年　J. フレーリッヒ：4次元時空ϕ^4理論のトリヴィアリティ

1987年　カミオカンデ・グループ：超新星爆発からのニュートリノを捉える（2002年，小柴昌俊にノーベル賞）

1998年　スーパー・カミオカンデ・グループ：ニュートリノ振動を発見（2015年，梶田隆章，A. B. マクドナルドにノーベル賞（1962年を参照））

2008年　南部陽一郎と小林誠・益川敏英：ノーベル賞

2011年　S. ペルムッター・B. シュミット・A. リース：遠方の超新星の観測による宇宙の加速膨張の発見に対しノーベル賞

2012年　CERN：ヒッグス粒子発見（2013年，F. アングレール・P. ヒッグスにノーベル賞（1964年を参照））

2015年　Advanced LIGO グループ：重力波を検出（2017年，R. ワイス・B. C. バリシュ・K. S. ソーン，重力波の最初の検出に対しノーベル賞）

　　　　　　　　（えざわ　ひろし／学習院大学名誉教授）

出典

第Ⅰ部
第1章〜第6章『科学』,岩波書店,2016年3〜5,7,8月号
写真・図についてのクレジット
p. 13 筑波大学朝永記念室所蔵
p. 30 松井巻之助編『回想の朝永振一郎』,みすず書房
p. 35 松井巻之助編『回想の朝永振一郎』,みすず書房
p. 48 菊池俊吉氏撮影,筑波大学朝永記念室所蔵
p. 62 名古屋大学坂田記念資料室提供
p. 68 筆者提供
p. 87 http://nobelprize.org/nobel_prizes/physics/laureates/1965/schwinger-bio.html
p. 89 http://www.nobelprize.org/nobel_prizes/physics/laureates/1965/feynman-bio.html
p. 103 https://www.ias.edu/scholars/dyson
p. 130 Niels Bohr Archive, Copenhagen 提供
p. 135 筆者撮影
p. 147 中村幸子氏提供

第Ⅱ部
第1章『科学史研究』,2014年7月号
第2章 p. 193 付記参照
第3章『図書』,岩波書店,2012年12月号
第4章『パリティ』,丸善,2001年4月号
第5章『数理科学』,サイエンス社,2009年9月号

第6章『自然』，中央公論社，1973年3月号
第7章『素粒子論研究』，2011年5月号

写真・図についてのクレジット

p. 160 ボーア教授より筆者に与えられたもの。掲載許可は Niels Bohr Archive, Copenhagen から得た

p. 174 著作権承継者 Jes Vagnby 氏より掲載許可を得た

p. 178 名古屋大学坂田記念資料室提供

p. 206 筆者撮影

p. 210 筆者撮影

p. 213 小沼通二氏提供

p. 231 筆者提供

p. 233 筆者提供

p. 240 筆者提供

p. 241 筆者提供

p. 243 筆者提供

索引

アルファベット

C-中間子論 ……………5, 54, 68
　　　―場 …………………56
E 研 ……………………………52
F 型 ……………………………19
Progress ……………………202
P 型 ……………………………19
regulator ……………………65

あ

アインシュタイン ……………167
イオン化エネルギー …………275
異常磁気モーメント …………280
伊藤（大介） ………29, 44, 46, 69, 71
井上（健）……………………131
イワネンコ–ソコロフ …………94
ウィーラー ……………………232
ウィグナー …………230, 235, 240
ウィルソン ……………………282
ウォードの恒等式 ……………108
梅沢（博臣）………………58, 59, 114
運動量 …………………………261
江沢（洋）………………………51
エネルギー準位
　　―のズレ ……274, 275, 277, 278
大栗（博司）…………………117
大貫（義郎）………………60, 127
オッペンハイマー ………62, 106, 246

か

核力 ……………………………181
仮想仮定 ………………………266
仮想過程 ………………………281

形の論理 ………………………123
偏り ……………………………266
カット・オフ …………………267, 272
荷電型の発散……………………65
河辺（六男）……………………66
観測可能量 ……………………208, 225
観測質量 ………………………271
観測電荷 ………………………283
観測の問題 ……………………238
基底状態 ………………………278
木下（東一郎）………………29, 59
京大3人組 ……………………iii
共同利用研究所 ………………131
局所性 …………………………183
極超短波技術 …………………278
空孔理論 ………………………95
久保公式 ………………………119
クラマース …………………96, 214
グラムシ ………………………195
グラムシ過程 …………………195
くりこみ ……………66, 71, 271
　　荷電― ……………………66, 117
　　質量の― …………………268, 282
　　電荷の― ………108, 282, 283
　　―可能 …………………115
　　―可能性条件 …………113
　　―理論 ……3, 183, 264, 268, 269
　　―理論の歴史 …………264
研究体制の民主化 ……………140
原物質 …………………………237
光子 ……………………………266
　　―の生成・消滅演算子 ……264
小谷（正雄）……………………16
木庭（二郎） …5, 36, 69, 71, 99, 129, 138
小林（誠）………………………60
コペンハーゲン
　　―解釈 …………………169, 225

―精神 …………………141, 167, 168
コンプトン波長 ……………271, 283

さ

坂田（昌一）……5, 9, 17, 61, 69, 124, 136, 173, 180, 186, 287
坂田模型 ………………………124, 200
サラム，A. …………175, 232, 289
シェルター島 ……………………74, 75
試験粒子 ………………………………281
自己無撞着引算法 ……………………270
シュヴィンガー，J. ……88, 104, 232, 287
周期的境界条件 ………………………264
集団運動論 ……………………185, 200
重力波 …………………………………290
シュレーディンガー，E. …213, 285
シュレーディンガー方程式……265, 276
常勝の将 ………………………………192
シラー …………………………………170
シング ……………………………79, 150
真空偏極 …………………………63, 117
水素原子 ………………………265, 277
　シュレーディンガー方程式による―のエネルギー準位 ……276
　ディラック方程式による―のエネルギー準位 ……………………276
　―のエネルギー準位 …………276
数学的形式 ……………………………212
ステュッケルベルク …………………113
スペクトル表示 ………………………120
ゼーマン分離 …………………………278
摂動 ……………………………………265
線型応答に対する公式 ………………119
選択則 …………………………………278
相互作用の分類 ………………………115
相補性 …………………………………163
素粒子論グループ ……………………139

　―精神 ……………………………140
素領域 ……………………………185, 200

た

対称性 …………………………………237
ダイソン ………………………………86, 102
高橋（康） …………………59, 67, 118
武田（暁） ………………………29, 99
武谷（三男）……9, 11, 54, 60, 61, 201
田地（隆夫） …………………………46
多時間理論 ……………………………16
谷川（安孝） ……………17, 124, 180
旅人 ……………………………………192
ダンコフ ………………………………72
中間子討論会 …………………11, 131, 201
中間子論 ………………………………200
超多時間理論 …………6, 13, 183, 200
対消滅 …………………………………281
対生成 …………………………………281
対創生 …………………………………281
ディラック，P. A. M. …12, 62, 154, 230, 285
ディラック方程式 ………276, 278, 279
デルタ関数 ……………………………274
電気双極子 ……………………………282
電子 ……………………………………266
　電磁場と―の相互作用 ……265
　―と輻射場の相互作用……264, 277
　―の電磁的質量 ………………259
電磁的質量 ……………………261, 271
　電子の― …………………………259
電子と輻射場の相互作用 ……………277
電磁場 …………………………………265
　―電子との相互作用 ……………265
　―の運動量 ………………………260
　―の量子化 ………………………264
ド・ブロイ ……………………………214
戸叶（隆視） …………………………93

朝永アカデメイア …………………28
朝永（振一郎） …46, 69, 71, 93, 104, 179, 280, 286, 288
　　―理論 ……………………280
朝永ゼミ ………………………28, 31
朝永ハウス ……………………32, 33

な

中村（誠太郎） …………29, 131, 146
南部（陽一郎） ……………29, 93, 289
仁科（芳雄） ………11, 141, 201, 286
二中間子理論 ……………………184
二中間子論 …………………17, 199

は

ハーグ ……………………………148
パイエルス ………………………235
ハイゼンベルク，W. …18, 62, 125, 163, 205, 213, 214, 230, 236, 285
ハイゼンベルク
　　―の第1種 ……………………115
　　―の第2種 ……………………115
ハイゼンベルク-パウリ形式 ……15, 18
パウエル …………………………17
パウリ，W. …………64, 207, 242, 285
パステルナク，S. ………………277
発散 ………………………………267
　　対数的― ………………………268
　　―問題の歴史 …………………272
場の理論
　　相対論的な― …………………280
原（治） ……………5, 55, 69, 93
原（康夫） ……………………23, 127
ピーターマン ……………………113
非局所場 ……………………185, 200
ピグマリオン症 ………………59, 227
微細構造 …………………………276
　　―定数 …………………276, 283

広重（徹） …………………………166
ファインマン，R. P. ……89, 98, 103, 287, 288
ファインマン図 ……………………99
ファン・デア・ウェルデン ……242, 243
フェルミ，E. ………………………286
フェルミ相互作用 ………………112
フォック，V. ………………………285
不確定性関係 ……………164, 225
輻射場 ……………………………264
　　―と電子の相互作用 …………277
福田（博） ………………29, 38, 93
藤本（陽一） ………………………29
物理的解釈 ………………………212
不定性 ……………………………49
普遍的長さ r_0 ……………………125
震え振動 …………………………271
フレーリッヒ，J. …………………290
ベーテ，H. A. ………………62, 74, 76
　　―のくりこみ理論 ……264, 280
偏光 ………………………………265
ポアンカレ ………………………264
　　―のストレス …………………264
ボーア，N. …………161, 163, 213, 214
ボーア・ローゼンフェルト論文 …………………………………163
ボルン ……………………………208

ま

マイクロ波技術 …………………277
益川（敏英） ………………………60
マルの話 …………………10, 12, 183
宮島（龍興） ………………………29
宮本（米二） ………………6, 38, 93
無限大（あるいは発散）の困難 …7
物の論理 …………………………123

や

山口（嘉夫）……………………29
山田………………………………63
ヤン，C.N. ……………………240, 288
ユーリング（Uehling）項………120
湯川（二郎）……………………63
湯川（秀樹）…10, 73, 171, 179, 202, 271, 286
湯川ノート ……………………11, 14
湯川のマル………………………11
揺らぎ ……………………………281
ヨルダン ……………………208, 230

ら

ラム，W.E. ……………………74
　　―の実験 ……………………276
　　―のズレ ……………………276, 280
ラム・シフト……………………91
ランツォシュ …………150, 242, 244
陸軍技術研究所…………………29
量子電磁力学 …………………280
量子飛躍 …………………221, 222
量子力学の解釈 …………137, 238
理論する …………………………147
レギュレーター ………………121
レザフォード，R.C. …………276
ローゼンタール ………………165
ローゼンフェルト ……………137
ローレンツ，H.A. ……………285
ローレンツ変換
　　―の破れ ……………………262

わ

ワイスコップ，V.F.…………91, 286
ワイスコップ，V.S. …………272
ワイトマン……………………86, 121
ワインバーグ，S. ……………289
若手3人組………………………ii
渡邊慧 …………………………201

●著者

亀淵 迪（かめふち・すすむ）

1927年，石川県生まれ。1950年，名古屋大学理学部物理学科卒。コペンハーゲン大学ニールスボーア研究所（1956年〜1958年），ロンドン大学インペリアルカレッジ（1958年〜1963年）で研究。その後，東京教育大学（現筑波大学）助教授，教授。理学博士。筑波大学名誉教授。

著書に，

『量子力学特論』（表實氏と共著，朝倉書店），

'Quantum Field Theory and Parastatistics'（大貫義郎氏と共著，東京大学出版会），

『物理法則対話』（岩波書店），

訳書に，

『グレゴリー 物理と実在——創り出された自然像』（丸善），

他がある。

素粒子論の始まり——湯川・朝永・坂田を中心に

発行日　2018年12月15日　第1版第1刷発行

著　者　　　　　　　　　亀　淵　　迪
発行者　　　　　　　　　串　崎　　浩
発行所　　　　　　株式会社　日　本　評　論　社
〒170-8474 東京都豊島区南大塚 3-12-4
電話　（03）3987-8621［販売］
　　　（03）3987-8599［編集］
印　刷　　　　　　　　　精　興　社
製　本　　　　　　　　　難　波　製　本
装　幀　　　　　　　　　駒　井　佑　二

JCOPY〈（社）出版者著作権管理機構委託出版物〉

本書の無断複写は著作権法上での例外を除き禁じられています。複写される場合は，そのつど事前に，（社）出版者著作権管理機構（電話 03-3513-6969, FAX 03-3513-6979, e-mail: info@jcopy.or.jp）の許諾を得てください。また，本書を代行業者等の第三者に依頼してスキャニング等の行為によりデジタル化することは，個人の家庭内の利用であっても，一切認められておりません。

© Susumu Kamefuchi 2018　　　　　　　　　　Printed in Japan
ISBN978-4-535-78833-6